How to write
video scripts.

相手の
「ほしい」
を引き出す

動画ライティングの技術

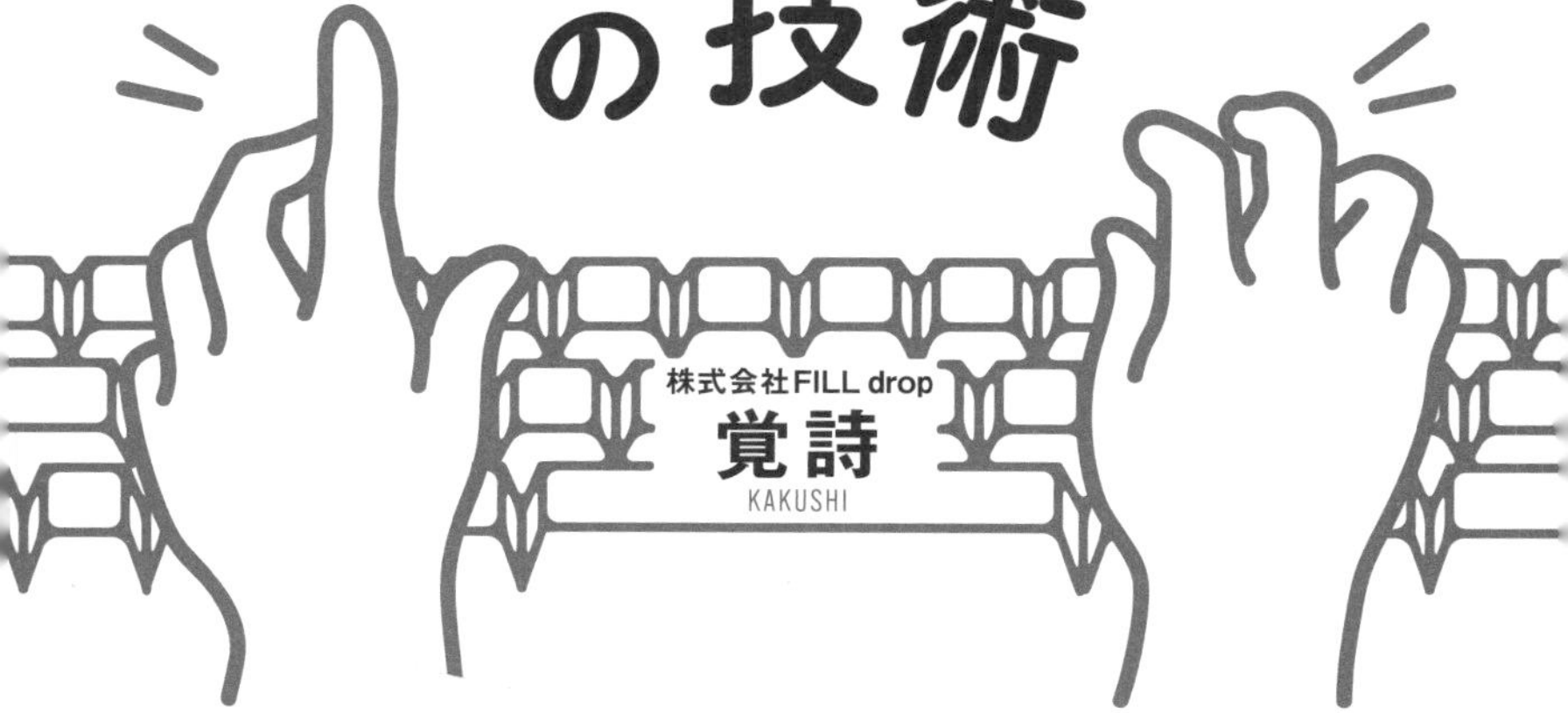

株式会社FILL drop
覚詩
KAKUSHI

, LTD

はじめに――ライティングの技術があれば、未来は大きく広がる

皆さんは、ライティングのノウハウを学ぶことの意義は何だと思いますか？

一体どうやったら、人を動かして何かを購入させるような文章を書くことができるのでしょうか。

本書を手に取っている方は、すでにセールスライティングを仕事にしていたり、あるいはセールスライティングの副業を始めていたりして、「もっと文章力を上げたい」「効果的なテクニックを知りたい」と思っているのかもしれません。

もちろんテクニックもお伝えしますが、その前に人と人のコミュニケーションそのものについても考えていただきたいのです。

そもそも、なぜ今の時代に「言葉」が注目されるのでしょうか。

ビジネスにおいては、ヒト・モノ・カネの３つが必要ですが、その中で最も重要なのはヒトです。

人間は、言語を介して意思疎通を図る生き物。

言葉には、実際に人を動かす【言霊《ことだま》】があります。

言葉について学ぶということは、人間そのもの、そしてコミュニケーションそのものを学ぶことでもあるのです。

そして、「言葉が〝誰に〟〝どのように〟伝わるのか？」を考えることは、ヒューマンスキルが上がるだけでなく、ビジネススキルも上がります。

相手に情報を伝える際に、どのような言葉を選べば効果的に理解してもらえるかがわかっていると、説明する力や説得する力がつくからです。

この本では、私の専門であるYouTubeやTikTokなどの動画の「台本」ライティング（＝動画ライティング）を中心に、効果的なセールスライティングの技術をお伝えします。

ライティングスキルやコミュニケーションスキルが上がるということは、人に何かを伝える力がつくということ。

この力がつくと、人を思い通りに動かすことができたり、人から慕われたりします。そうすると、やや極端な言い方かもしれませんが、**自分の思い通りの人生を歩むことができる**のです。

もちろんビジネススキルが上がれば、収入も上がります。

セールスライティングをきちんと学んだ人と学んでいない人の文章では、ビジネスにおいて売上げという数字となって、明確な差が表れてくるのです。

本書がきっかけとなり、頑張っているものが実る瞬間、人生の歯車がかみ合う瞬間が皆さんに訪れることを願っています。

私は自分の幸せの軸として、**没頭できる瞬間があること・没頭できる何かに出合えることを**掲げています。

「自分が何をやりたいかわからない」という人が多い中で、没頭できるものに出合える人は本当に幸運です。

一方で、没頭できることに集中するには経済的な自由と、時間的な自由が不可欠です。ある程度の収入があるだけでなく、少しの労働でお金が得られるようにしなければなりません。

お金持ちだけでなく、**【時間持ち】**になる必要があるのです。

多くの人が、1日あたり8時間ほど働いていると思います。8時間労働に加えて、数時間の残業をするとしたら、自分が没頭できる何か、例えば趣味やゲームなどに割ける時間はほとんどありませんよね。

しかし世の中には、1日たった3〜4時間の労働で皆さんと同じかそれ以上に稼いでいる人がいます。そういう人は、生活にも余裕があり、仕事をこなしたうえで自分の好きなことに没頭できる時間持ちです。

ライティングスキルを学ぶことは、この時間持ちになる近道でもあります。

私は、自分が本当にやりたいことに出合い、それにのめり込む時間的・経済的余裕のある人を【没頭犯】と呼んでいます。
そんな没頭犯になれるようなスキルをぜひ身につけてほしいと思っています。

私のテーマは、百人百様の生きがいを作ることです。
生きがいとは、つまり没頭できる何かです。それさえあれば、人は希望を持って生きられるはずです。

つらいな、しんどいなと思っても、「これがあれば生きられる」という「何か」を、皆さんも見つけてみてください。

株式会社FILL drop代表取締役
覚　詩

第1章 相手の「ほしい」を引き出す言語化の技術

第2章

相手の「ほしい」を引き出すリサーチの技術

第3章

消費者の「ほしい」を引き出す動画の技術

第4章

視聴者の「ほしい」を引き出す動画ライティングの技術

第5章

相手の「ほしい」を引き出し選ばれる技術

ブックデザイン：木村勉
図表・DTP：横内俊彦
校正：池田研一

編集協力：岡本茉衣

取材協力：しもゆう
ポエマタ

第1章

相手の「ほしい」を引き出す言語化の技術

相手の「ほしい」がわかればコミュニケーションは勝ち確定

相手の真意と発言・行動の背景を理解して本当の「ほしい」をつかむ

相手の「ほしい」をつかんで差し出すことは、価値の提供である

皆さんは、家族や友人、恋人、仕事仲間、上司などと信頼関係を築くときに、どのようなことに気をつけていますか？

人の話をしっかりと聞く、本心を打ち明ける、相手の立場を考えて行動する……それぞれに工夫していることがあると思います。

私が提案したいのは、相手の「ほしい」をつかむということです。

何をしたいのか？　何をされたいのか？という表面上のことだけではありません。「どういう意図でその発言をしているのか？」「言葉ではこう言っているけれど、結論としていったい何を求めているのか？」という相手の真意を探り、さらに「なぜその行動に至ったのか？」という背景まで理解をすること。

これがわかれば、相手の本当の「ほしい」がつかめます。

相手の「ほしい」がわかれば、それを差し出すことができます。

恋人に対して「今、彼女（彼）はこんな言葉がもらえたら動きやすいだろうな」と想像してその言葉をかけてあげられたら、恋人から「自分の理解者だ」と信頼されるでしょう。

例えば、彼女が仕事でミスして落ち込んでいたとします。

この時彼女に「何で落ち込んでいるの？」と問い詰めても、彼女のメンタルは回復しません。彼女が本当に求めているのは「問いに対して答える」ではなく「寄り添ってもらう」ことなのです。

そのため、「何で落ち込んでいるの？」とストレートに問い詰めるよりも、「今日はどうだった?」「何かあった? 話聞くよ?」などの優しい言葉をかけてあげることのほうが、彼女のメンタルは回復するのです。

「ほしい」をつかみ、差し出すこと。それが**【価値の提供】**です。

価値の提供ができれば、信頼を得られるだけでなく、自分のお願いも通りやすくなります。

相手の価値観を知ると、効果的な価値の提供ができる

人にはそれぞれ、価値を測る物差しがあります。

仕事を例に挙げましょう。

「単にお金を稼ぎたい」というのが目的という人もいれば、やりがいや生きがいを求めている人もいます。「自分が成長できるのであれば、多少ストレスがかかってもやり遂げたい」という人もいる一方で、「過度に忙しかったり、プライベートに支障が

出たりするのは絶対に嫌」という人もいます。

どれが正解ということではありません。単に、人それぞれ価値観が違うだけです。

大切なのは、その価値観を知る必要があるということ。

「相手は何を大事にしているのか？」という、パーソナルな部分、アイデンティティに関わる部分を理解することは、相手の「ほしい」を理解することにつながります。

そして相手の価値観がわかると、それを軸に話を展開できるので、コミュニケーションがとても円滑に進むのです。

「仕事はお金を稼げるかがすべて」という人に「この仕事はやりがいがあるよ」と言っても、話はかみ合いません。

反対に「仕事にやりがいを求めている」という人に対して、「こうしたら、今のやりがいのない状況から抜け出せるのでは？」「もっとこうしたら、良い未来が待っていて自己実現ができるよ」という言い方をすれば、相手の心に響きます。

相手の価値観を踏まえると、その人に価値の提供ができるようになるのです。

価値提供をされた側は承認欲求が満たされて心を開きますし、お返しをしたいと思うもの。

つまり、相手の「ほしい」がわかれば、対人コミュニケーションは〝勝ち確定〟と言えるのです。

人の「ほしい」には顕在・潜在の2種類ある

自分で欲求に気づいている「ほしい」と気づいていない「ほしい」

親友の「ご飯行こう」は「ご飯食べたい」ではなく「話を聞いてほしい」

相手の「ほしい」をつかむには、注意深くならなければなりません。

例えば、親友が失恋をしたとしましょう。

そのときに「ご飯に行こう」と誘われたら、あなたは「一緒にご飯を食べたいのだな」ではなく、「話を聞いてほしいんだな」と想像できるはずです。

ここで「いや、さっきご飯食べたから今日はもういいや」と言ったら、回答としては間違ってはいませんが、親友はがっかりしてしまうでしょう。

「ご飯に行こう」という相手の「ほしい」には、たくさんの要素が隠れています。「話を聞いてほしい」と言いたいけれど、照れ臭くて言えないのかもしれない。誰かと過ごすことでつらい気持ちを紛らわしたいのかもしれない。あなたという人が好きで、ただ一緒にいたいだけかもしれません。

また、そもそも親友がどういう人なのか、思ったことをストレートに言う人なのか、それともあまり自分の意思を表さないタイプなのか、人柄によっても変わってきます。

さまざまな可能性を考えて、「お腹がいっぱいだからご飯は食べないけれど、話は聞いてあげられるから一緒に行こう」と応じてあげられるか、あるいは「今日はもうご飯を食べ終わっていて、すぐに帰らなければいけないんだけど、電話ならできるよ」と相手の気持ちをくみ取った断り方ができるかどうかは、あなたの注意深さにかかっているのです。

相手の発言を言葉通り受け止めず、深く知ることが大事

このように、人の「ほしい」は

- 自分で欲求に気づいている、顕在的な「ほしい」
- 自分では欲求に気づいていない、潜在的な「ほしい」

に分かれます。

顕在的な「ほしい」に気づくのは、そう難しいことではありません。大概は、「これがしたい」「これが必要だ」と自分で言語化できるものです。

一方で潜在的な「ほしい」は、自分では言語化できません。人に指摘されて初めて「そうか、自分はこれがほしかったのだ」と気づくことも多いものです。

相手の潜在的な「ほしい」をつかむには、これまでお話しした通り、相手の人柄、

生い立ち、状況といった背景から、価値観（＝物差し）を深く知る必要があるのです。

それには、相手の発言を言葉通り受け止めないことがポイントです。

例えば、友人が「ドリルがほしい」と言っているとしましょう。そこであなたがドリルを持って行ったのですが、喜んでくれません。なぜでしょうか？

このとき、友人が本当にほしいのは「穴を開けるもの」だったからです。

ドリルは単なる手段にすぎず、穴さえ開けばドリルでなくとも、もっと使いやすいものなら何でもよいのです。

そこで「どんな道具ならもっと喜ばれるのか？」を考えて、最適な道具を提案すると、友人からとても感謝されるはずです。

つまり「その人が本当は何を望んでいるのか？」「実はどういうことを伝えたいのか？」を考えて、「じゃあこうしてみたらどうか？」を提案する、**一歩先のコミュニケーションが大切**なのです。

そのためにも、相手を知ろうとする姿勢、理解する気持ちが問われます。

相手の「ほしい」は言語化しなければ伝わらない

言葉には人に気づきを与え行動を促す力がある

言葉について学べば人としてのレベルが上がり、ビジネスレベルも上がる

相手の「ほしい」を形にして、「本当はこういうものがほしかったんでしょう?」と提案するには、**言葉を使うことが必要不可欠です**。

人と人のコミュニケーションは、言葉が基本です。人間である以上、言語を介して意思疎通を図るという行為は必ず必要になります。

言葉について考えるということは、「誰にどのように伝わるか」「どのように受け取

られるのか」を考えるということ。真剣に学ぶほどに、人としてのレベルが上がります。

「言霊」という言葉をご存知ですか?

日本では昔から、言葉には霊力があり、言葉を発することでそれが実現すると信じられてきました。私は言葉に霊力があるのかは感じられませんが、人を動かす力はあると考えています。

言葉の中にはさまざまなニュアンスを込めたり、感情が入ったりすることがあり、それが人の心を動かします。伝える側の熱量、コミュニケーションが発生した状況によっても、言葉がどう受け止められるかは変わってきます。

言霊を操ることは、人を操るということ。言葉を操る力がつけば、言霊も使えるようになります。

言葉を操るレベルが上がれば、人に何かを伝える力がつきます。他人から慕われますし、人を思い通りに動かすことも難しくなくなるでしょう。

人としてのレベルが上がるだけでなく、ビジネスのレベルも上がります。ビジネスのレベルが上がれば、当然ながら望む収入を得られます。

商品やサービスを売るときにライティングスキルが重要なのはなぜか？

言葉を操るうえで重要なスキルが、書く技術＝ライティングスキルです。

現代は文字で溢れています。X（旧 Twitter）、Instagram、LINE、Facebook といったSNSも、Web検索なども文字がベースですよね。仕事においても、文字のやり取りは避けて通れません。

またライティングスキルは、さまざまな仕事に活かすことができます。

ECサイトやLP※の文言を考えたり、メルマガやDMの制作も短時間でできたりするはずです。ユーザーに訴えかけるようなキャッチコピーやボディコピーもお手のものでしょうし、自社を紹介する記事やブログなどを書くこともできます。

会社でSNSを運用する際も、ライティングスキルがあれば効果的な投稿ができるはずです。

ライティングスキルがある者が、現代のコミュニケーションを制すると言っても過言ではないのです。

人に商品やサービスを売るときに、なぜライティングスキルが重要になるのでしょうか。その答えは、すでにお伝えしたように、言葉には「ほしい」を明確化する効果があるからです。

言葉は、**自分で欲求に気づいている顕在的な「ほしい」だけでなく、自分では欲求に気づいていない、潜在的な「ほしい」も明らかにします**。

先ほどのドリルの例で言えば、

ドリルがほしい＝顕在的な「ほしい」
↓　深掘り
実は自分がほしいのはドリルではないかもしれない

← 深掘り
穴を開けたいのが本来の目的だ＝潜在的な「ほしい」の気づき

言葉は、**【深掘り】**を可能にします。

相手の「ほしい」を深掘りし、「あなたがほしいのはドリルではなく穴を開けるもの。今の状況には錐《きり》がぴったりです」と効果的に提案したら、人の心を揺さぶることができます。これが、ライティングの力なのです。

※LP（ランディングページ）
広告、SNSなどから運営者がユーザーを意図的に流入させる、製品やサービスの特徴を説明した縦長のWebページ。HP（ホームページ）が複数ページの集合体で、目的が幅広いのに対し、LPは1ページで完結しており、ユーザーに購入・申し込みをしてもらう（＝コンバージョンしてもらう）などが目的。

視聴者の「ほしい」をつかみ取り、心を揺さぶるのに台本が必要

ライティングスキルを活かせる仕事として、私が提案したいのは**動画ライティングの仕事**です。

動画ライティングとは、YouTube や TikTok の台本を書くという仕事。皆さんの中には、「動画に台本って必要なの？」と感じた人もいるかもしれません。

なぜ台本を書く仕事が注目されているか、少し説明させてください。

ＳＮＳで動画を発信できるようになったのが20年前ぐらいです。YouTube は初めてのエンターテインメント動画サイトで、当時は編集された動画が「すごい」と言われていた時代でした。

しかし、だんだんと編集された動画が当たり前になり、現在は「**動画のクオリティよりも、企画そのものや内容がしっかりしていないと見てもらえない**」という時代を迎えています。

そこで、**発信する内容を過不足なくまとめた台本が必要**とされるようになりました。

動画の台本には、動画を制作したいクライアントの意向をくみ取り、視聴者に訴えかける力が求められます。

何よりも、視聴者の顕在的・潜在的な「ほしい」をつかみ、「ほしいのはこれですよね？」と提案して心を揺さぶる必要があります。心が動く動画こそ、視聴者へ**【価値の提供】**ができている動画です。そこで、ライティングの能力が活かせるのです。

台本がある動画とない動画では、売上げがまったく変わってきます。

台本があればクオリティのコントロールが容易ですし、撮影もスムーズに進みます。撮影時間が短く済めば、撮影自体にかかるコストも下がるうえ、演者の負担も減ります。また、あらかじめ構成を練ることができるので、YouTubeに投稿した内容をTikTokなど他のＳＮＳに横展開するのも容易になります。

今、動画を使ってビジネスをしている人の中では台本の重要性がますます認識されてきています。

作った動画は「横展開」できる

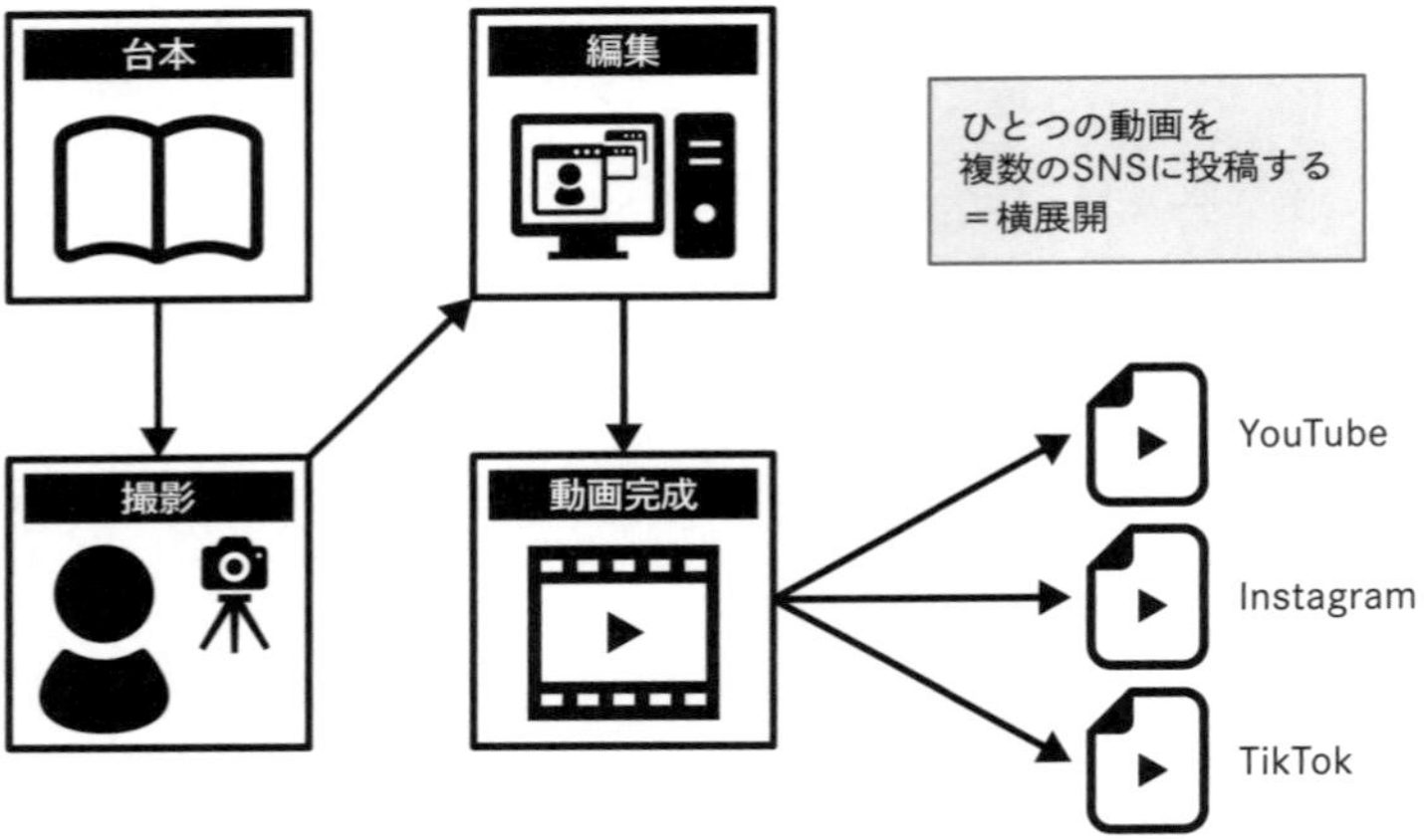

動画を発信するにあたり、これまで個人単位で行っていたのがチームになり、役割を分担するようになっています。台本制作を専門に行う人は市場から求められているにも関わらず、しっかりとした台本を書ける人というのは少なく、売り手市場です。

私は動画ライティングの仕事を通じて大きな成功を得られましたし、たくさんの方から感謝をしてもらえました。

何より、**動画ライティングで得たスキルは、どんな場面でも使うことができる一生ものです**。ぜひ挑戦してほしい仕事だと考えています。

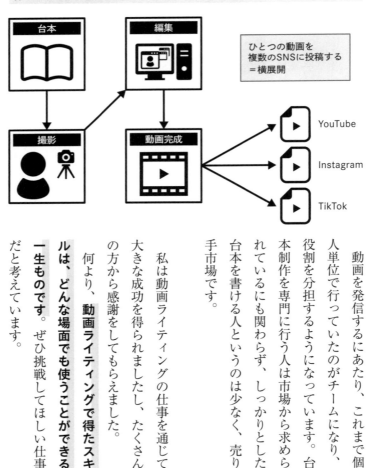

すべての仕事は〝相手〟がいるから成り立っている

セールスライティングは消費者とクライアントという〝相手〟を考える仕事

消費者にもクライアントにも「ほしい」をつかんで伝える必要がある

相手に商品を売ろうとするとき、消費者の「ほしい」をつかむ必要があります。

しかし、消費者は「こういうものがあったらいいのにな」と漠然と思っているだけであったり、あるいはほしいものに気づいていなかったりする場合がほとんどです。

書く力を使ってセールスをするならば、「あなた方はこういうものがほしいのですよね?」と、明確に言葉にして伝えないと、消費者は買ってくれません。単に頭の中にアイデアがもやもやとあるだけでは、相手にはまったく刺さらないのです。

言語化するためには、「なぜそれを思ったのか、考えるようになったのか、感じたのか」という、自分の中に起こる感情や考えを常に人に説明できるよう意識してください。シンプルな事柄であっても、かみ砕いたり深めたりすることで、言語化のプロセスが鍛えられます。

言語化が重要なのは、クライアントに対しても同じです。

もし皆さんが、副業やフリーランスなどで仕事をするときには、クライアントが募集する案件に応募して仕事をするという**【クライアントワーク】**がメインになるでしょう。

それだけでなく、世の中の大半の仕事がクライアントワークだと言っても過言ではありません。

クライアントワークとは、クライアントの目的や要望を成果物として提出することが最終目標です。

クライアントの目的や要望とは、つまりクライアントの「ほしい」です。

クライアントの「ほしい」をつかみ、「御社はこれを達成したいですよね？」「自分はこういう能力があり、こういう点で御社の力になれます」と提示するにも、言語化するスキル、ライティング能力があると有利なのです。

セールスライティングにマーケティングの知識があれば最強

セールスライティングを行うならば、マーケティングの知識をつけておくと絶対的に有利です。

私は大学では経済学を専攻していましたが、マーケティングの知識は自分で勉強しました。数十万円の情報商材から、マンツーマンのコンサルティングまで、トータルで200万円以上費やしましたが、2年ほどかけて少しずつ勉強していきましたが、その間で収入が数倍に膨れ上がったので、十分に投資は回収できたと感じています。

動画ライティングの仕事は〝売り手市場〟というのは前述した通りです。

その理由として、台本を書ける人の多くが**【運用代行】**の仕事に移行してしまうという点が挙げられます。運用代行の仕事は、YouTubeの仕組みを理解したうえでマーケティングの視点を踏まえて企画を立て、台本や編集作業を指示するという複雑なスキルが求められますから、当然ながら収入も良いです。

もちろん、皆さんがスキルアップして運用代行に移行するのは自由です。

「マーケティングとYouTubeの知識があり、クライアントの意向をしっかりと把握したうえで、商品を紹介する台本が書けるライター」「ただの再生回数ではなく、価値ある再生回数を狙える台本ライター」というのは、常に市場から求められています。

もし皆さんが、本書を読んで言語化の大切さ、台本の重要性に気づき、「自分もライティングスキルを活かして仕事をしたい」「より効率的な副業をしたい」と考えるならば、ぜひ動画ライティングの仕事を検討してみてください。

第2章

相手の
「ほしい」を引き出す
リサーチの技術

相手の「ほしい」に寄り添い本音を引き出す

恋愛相手もクライアントも、自分を理解してくれる人を求めている

ビジネスも恋愛も「相手を知る」という基本は同じ

ライティングの際に私が大切にしているのは、「あなたのことを理解したい、もっと深く知りたい」という姿勢です。

理解とは、**【解像度を限りなく高める】**ということです。

例えばクライアントであれば、生年月日や出身地などの基本的なプロフィールだけでなく、趣味や価値観など**家族や友人など親しい人だけが知っている情報を徹底的に集めるようにします**。

そこで特に大切なのは、**相手のポリシーを見極めること**。

「この人は今の仕事が何より好きなのだな」「人付き合いを大事にしているようだ」「時間を気にする人だ」など、相手にとって優先順位の高いものを見つけます。

ポイントは、その人の言動に注意を払うことです。**話していて心拍数が上がっている部分、テンションが上がる部分を見つけ出しましょう**。

そして、相手の心に届くようなリアクションを取ってください。そのリアクションは、「私は対面での人付き合いを大切にしています」という相手に「そうですね、大切ですよね」という肯定の相づちを打つだけではありません。

「私はテレカン（テレカンファレンス）が効率的で好きですが、オフラインでしかできない話もありますよね」「リモートワークだけのときは、どのような工夫をしていたのですか？」など、**自分の感想を交えて理解を示したり、相手に質問したりして会話を膨らませる**のがコツです。

相手に「この人は自分に共感してくれている。理解してくれているな」と思ってもらえます。

まるで恋愛のようだと思われるかもしれませんが、ビジネスも恋愛も「あなたを知りたい」という気持ちを伝えるという点は同じ。気持ちが伝われば、相手も本心を見せてくれるでしょう。

初対面の際も、基本的には相手の話を聞き出すことに徹し、話題を振りながら相手のポリシーや大切にしていることをつかみ取るようにします。

多くの人は、**自分が好きなことについて、誰かに教えたいという欲求があります**ので、「名古屋へ出張に行ったら必ずモーニングを頼むんですよ」と相手が言ったならば、「名古屋はよく行くので、おすすめの店をぜひ教えてください」と質問します。**【教えてください】**を連発すると、欲求が満たされて心を許してくれるはずです。

また、自分の失敗談やコンプレックスを話すのも手です。「この人はこんな意外な一面もあるんだな」と親しみを持ってもらえます。相手の心をつかめるようなネタをいくつか用意しておきましょう。

クライアントの最適解を強調して自分の提案力をアピールしよう

クライアントが求めるのは「提案力」です。

私が特に意識しているのは、**【市場に受けるもの】と【クライアントに合うもの】の2つを必ず提案する**ことです。

例えば、次のようにプレゼンします。

市場に受けるもの

クライアントに合うもの

今のトレンドだとこういう理由でAが受けているので、この形で発信すると伸びると思います。

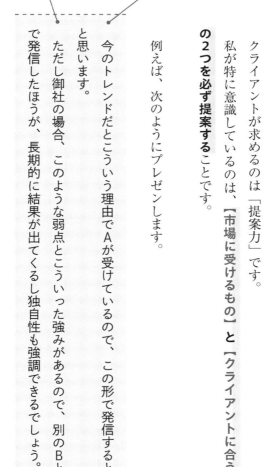

ただし御社の場合、このような弱点とこういった強みがあるので、別のBという形で発信したほうが、長期的に結果が出てくるし独自性も強調できるでしょう。

すると大抵、「この人はうちのことをよく理解しているな」と、後者を採用してくれます。

何かを提案するときに、その意図や理由、背景をきちんと伝えるのは基本です。それだけでなく、クライアントが大事にしている**【言葉の表現】**にも配慮するようにします。

もし相手が「軽薄に感じられるから『ぶっちゃけ』という言葉は使いたくない」と考えているならば、そうしたワードは使わないようにします。「本当のところは」「正直な話」などと言い換えて、相手が大事にしている考え方に合わせます。

このような細かい点に配慮できるかで、クライアントの印象は大きく変わるのです。

こちらとしても、クライアントに合ったものを提供したい、それが成功してほしいという気持ちで提案を行なっています。

それを伝えるためにも「オーソドックスな手法だとこうだけれど、御社は別の手法にすべき」とオリジナリティーを強調するのが一つの戦略です。

クライアントの先にいる「消費者」を常に意識する

クライアントの「ほしい」×消費者の「ほしい」を叶える＝セールスライティング

消費者の「ほしい」を刺激しつつクライアントの売りたいものを売る

セールスライティングで大切なのは、クライアントの「ほしい」と消費者の「ほしい」を両方叶えることです。

そこで心がけてほしいのは、**クライアントもいち消費者であるという考え方**。ビジネスにはＢｔｏＢ（対企業）とＢｔｏＣ（対消費者）がありますが、相手によって伝えたい本質的な内容が変わるわけではありません。

例を挙げると、資産運用の選択肢として最近注目されている手段に「アンティークコイン」があります。その名の通り古い時代のコインのことで、希少性が高いものには1枚に数億円の価値がつくこともある商品です。数万円で買ったコインが、数年後には100倍以上の値段がつく可能性があります。

しかし、「アンティークコイン」という名称だけを聞いて、ピンとくる人は稀《まれ》でしょう。一体どういうものなのか、購入するとどんな良いことがあるかをかみ砕いて説明しないといけません。

また、消費者の「ほしい」はアンティークコインそのものでなく、資産を増やしたい、資産を防衛したい・維持したい、生活を豊かにしたい、遺産を残したいという部分ですから、「アンティークコインは素晴らしいですよ」という表現だけでは不十分です。

消費者の「ほしい」を刺激する言葉に変換することが何よりも大切です。

そして**最終的には、クライアントが伝えたかったメッセージが伝わるようにするのが、セールスライティングのゴール**です。

消費者の「ほしい」はサジェストからリサーチ

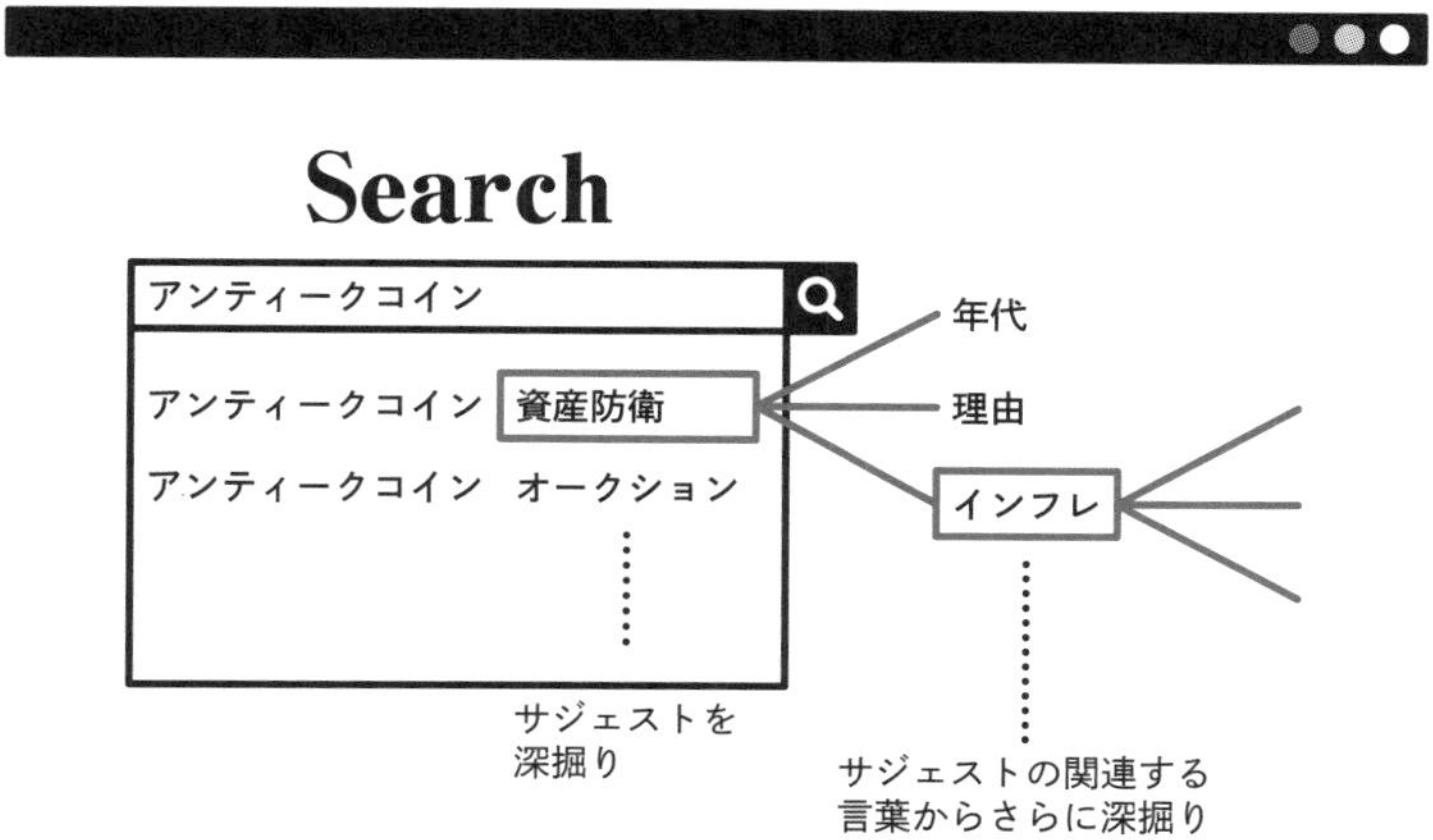

消費者の「ほしい」を刺激する言葉をどのように見つけるかというと、

- 「対象ワードとは何か？」をマインドマップのように広げてアイデアを出す
- Web検索やSNSにワードを入れ、スペースで出てくるサジェストを参考にする
- サジェストのワードを基にマーケティングする

例えば、対象ワードである「アンティークコイン」を検索して、サジェストに「資産防衛」と出てきたら、資産防衛

をしたい人はどの年代でどういう人たちなのか？　年収や資産はどのぐらいか？　なぜ資産防衛したいのか、その背景や理由を考えていきます。

さらに資産防衛のサジェストで「インフレ」というキーワードが出てきたならば、なぜインフレが起きるのか、その原因や個人でできる対処法などを説明しつつ、なぜアンティークコインが資産防衛につながるかを書くようにすると、消費者の「ほしい」を刺激できます。

ライティングの際には、消費者が知りたいであろう商品の解説だけでなく、頻出したキーワードに触れることを意識します。

セールスライティングには【マーケットイン】の考え方を使う

マーケティングには、【プロダクトアウト】と【マーケットイン】という考え方があります。

●プロダクトアウト

企業が作りたいもの、企業の方針に合致するものを重視しながら製品・サービスを開発したり、提供したりする手法です。「作り手が良いと思うものを開発し、良い製品であれば売れる」という考えを基本とします。

●マーケットイン

プロダクトアウトの対義語で、市場（消費者）が必要とするものを提供する手法です。市場のニーズを調査し、それに沿ったものを開発します。

セールスライティングでは、この**【マーケットイン】**の考え方を使います。調査や統計をもとに「こういう悩みがあるから、この手法を使おう」というアプローチが第一にあり、自分の発信を相手によって変えたり合わせたりしていきます。

なお最近では、ショート動画、特にTikTokの視聴者が増えています。その潮流に合わせて、YouTubeならば1本にまとまる動画を、数十秒の動画に小分けして何本も作るという手法が取られています。

32ページで横展開できるとお話ししましたが、TikTokは、長尺の台本を切り取って編集することを前提とするのではなく、それに合わせたライティングも必要になってきます。

消費者の「ほしい」はSNSで迷子になる

消費者が購入に至る流れを分析し、SNSがどう利用されているかを把握する

現代の購買行動モデルは、「検索」が2回入るのが鍵

消費者がサービスや商品を購入するまでには、いくつかの段階があります。この段階における心理的・行動的変化をモデル化したものを「購買行動モデル」と呼びますが、これは時代によって大きく変わってきました。

購買行動モデルは、大きく次の3つの時代に分けられます。

● マスメディア時代

●インターネット時代
●ＳＮＳ時代・コンテンツマーケティング時代

それぞれ詳しく説明しましょう。

マスメディア時代

企業からの広告を、不特定対数の人が一方的に受け取る形の広告が主流の時代です。消費者は自ら情報を探し、獲得する手段がほとんどなかった時代ともいえます。

代表的な購買行動モデルは次の２つです。

●ＡＩＤＡ（アイダ）

❶**Attention**（認知）：商品を認知する
❷**Interest**（関心）：商品に関心を持つ
❸**Desire**（欲求）：商品をほしくなる
❹**Action**（行動）：商品を購入する

●AIDMA（アイドマ）

❶**Attention**（認知）：商品を認知する
❷**Interest**（関心）：商品に関心を持つ
❸**Desire**（欲求）：商品をほしくなる
❹**Memory**（記憶）：商品を記憶する（思い出す）
❺**Action**（行動）：商品を購入する

ＡＩＤＡとＡＩＤＭＡの違いは「Memory（記憶）」のステップがあることです。

消費者は関心を抱いた商品があっても、忘れてしまったりほしくなくなったりすることがあるので、ＤＭや電話などでフォローして商品を思い出してもらうというアプローチが必要になります。

インターネット時代

消費者自身がインターネットで情報を検索し、Ｗｅｂサイトやブログから商品の情報を集めたり、商品の情報を発信したりするようになりました。企業と消費者の関係が双方向に変わったのが特徴です。
代表的な購買行動モデルは次の2つです。

●AISAS（アイサス）

❶**Attention**（認知）：商品を認知する
❷**Interest**（関心）：商品に関心を持つ
❸**Search**（検索）：商品をネットで検索する
❹**Action**（行動）：商品を購入する
❺**Share**（共有）：商品の情報をネットで共有する

●AISCEAS（アイシーズ）

❶**Attention**（認知）：商品を認知する
❷**Interest**（関心）：商品に関心を持つ
❸**Search**（検索）：商品をネットで検索する
❹**Comparison**（比較）：複数の商品やサービスを比べる

❺**Examination**（検討）：複数の商品やサービスの中から選択する
❻**Action**（行動）：商品を購入する
❼**Share**（共有）：商品の情報をネットで共有する

ＡＩＳＣＥＡＳはＡＩＳＡＳをもとに考えられた購買行動モデルで、消費者がサービスや商品を購入する際により時間をかけ吟味すると考えられています。

ＳＮＳ時代・コンテンツマーケティング時代

スマートフォンが普及し、ＳＮＳの利用者が爆発的に増えました。検索だけでなく、クチコミやＳＮＳの投稿で商品やサービスを知るようになったのです。

●ＶＩＳＡＳ（ヴィサス）

❶**Viral**（クチコミ）：ＳＮＳを利用することで商品を認知する
❷**Influence**（影響）：クチコミや投稿を発信した人物の影響を受ける
❸**Sympathy**（共感）：発信者や理念に共感する

❹Action（行動）：商品を購入する
❺Share（共有）：商品の情報をネットで共有する

単純に商品がほしいということだけでなく、商品を紹介している人物に共感、影響を受けて購買に至るようになったのが特徴です。

最新の購買行動モデル

ただ、私自身は現代の購買行動をこのように考えています。

❶商品に関心を持つ
❷UGC※を検索し、いいねをつける
❸いいねをつけた商品を、SNSのハッシュタグなどで調べる↑1回目の検索
❹興味が出てきたら、検索エンジンをGoogleやYahoo!などに変更↑2回目の検索
❺商品を購入する
❻商品の情報をネットで共有する

ＡＩＳＡＳをベースにした考え方を取り入れています。**AISASに、UGC[※]と検索エンジンという2回の検索が入るところがポイント**で、ここに消費者のリアルがあると感じています。

消費者を教育し、購入につなげるにはYouTubeがベスト

ＳＮＳはどのような人が利用しているのでしょうか。各プラットフォームのユーザーの年齢層と性別は次ページの図の通りです。

※UGC（User Generated Contents）
企業ではなく、一般ユーザーによって制作・生成されたコンテンツのこと。ＳＮＳに投稿された写真や動画、ＥＣサイトのレビューなどを含む。

SNSの性別・年齢別利用率

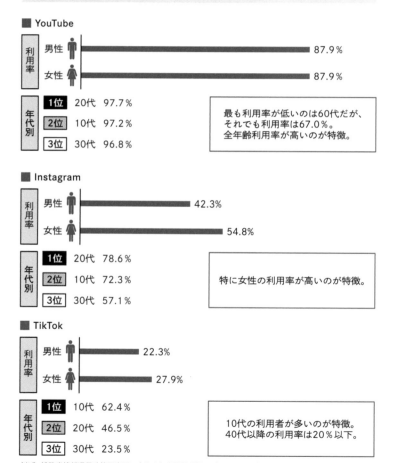

■ YouTube

年代別

1位	20代	97.7％
2位	10代	97.2％
3位	30代	96.8％

最も利用率が低いのは60代だが、
それでも利用率は67.0％。
全年齢利用率が高いのが特徴。

■ Instagram

年代別

1位	20代	78.6％
2位	10代	72.3％
3位	30代	57.1％

特に女性の利用率が高いのが特徴。

■ TikTok

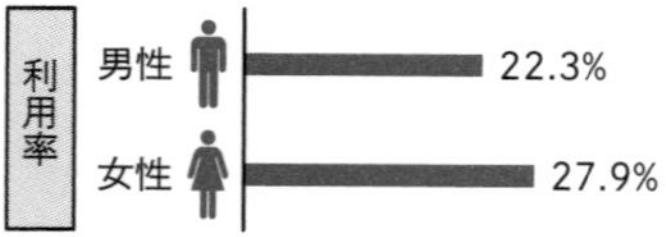

年代別

1位	10代	62.4％
2位	20代	46.5％
3位	30代	23.5％

10代の利用者が多いのが特徴。
40代以降の利用率は20％以下。

(出典：総務省情報通信政策研究所　令和３年度情報通信メディアの利用時間と情報行動に関する調査報告書)

SNSの性別・年齢別利用率

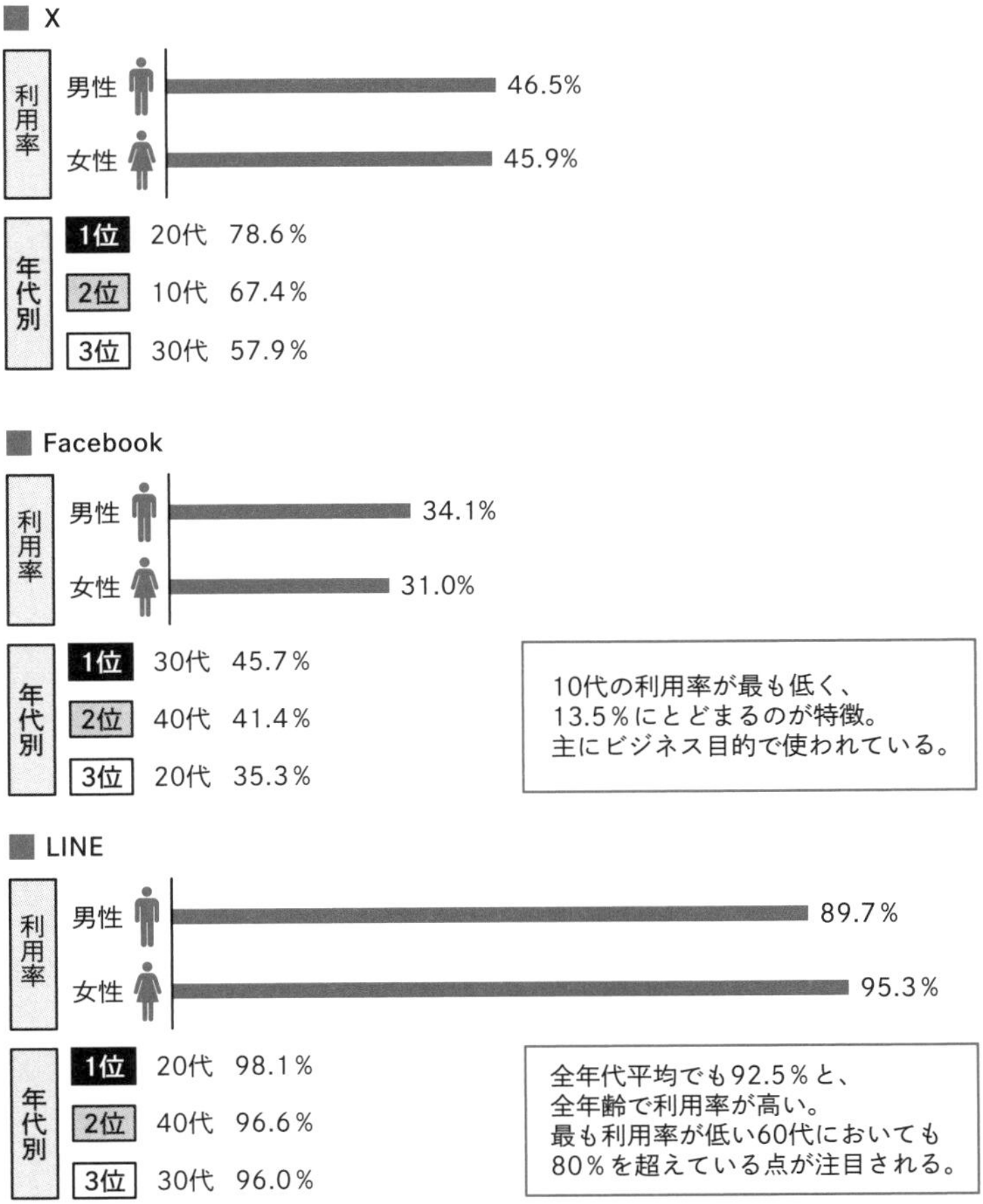

(出典:総務省情報通信政策研究所　令和3年度情報通信メディアの利用時間と情報行動に関する調査報告書)

このように、**YouTubeは年配層、TikTokは若年層、Instagramは女性層に売れやすい**という特徴があります。

マーケティングにおいて、【認知】と【教育】は非常に重要です。**認知は、商品やサービスを知ってもらうこと**です。

かつてはテレビや雑誌などのCM、広告を打つことが認知されるために効果的でした。しかし現在は、SNSを駆使して消費者の〝目〟に触れる機会を増やすことが、認知において最も効果が高いと考えられています。

より多くの商品を知ってほしい・購入してほしいターゲットに認知してもらうために、そのターゲットにマッチするSNSの投稿や広告、PRに力を入れるようにしましょう。

一方、**教育は、消費者が購入するまでに商品やサービスを深く理解してもらい、検討してもらうための施策のこと**を指します。ターゲットが自然と興味を持つようなコンテンツを配信したり、セミナーや個別相談会などを開催したりすることで、納得して商品を購入してもらえます。

しっかりと教育できていると、どのような商品（高単価の商品、無形商材など）でも購入してもらいやすくなるのです。

SNS全盛期の現在、消費者は「ほしい」と思ったときにさまざまなクチコミなどを検索しますが、情報過多で迷子になりがちです。

しかし、**商品やサービスを消費者に認知してもらうには、Instagram か TikTok が向いていて、消費者を教育して購入までつなげるには YouTube が最適**という点は覚えておいてください。

消費者の「ほしい」はWANTとMUST

人の心が動くタイミングを見極めるとバズる条件が浮かび上がってくる

消費者の心が【WANT】から【MUST】になるのはいつ？

誰しも、商品やサービス、あるいは投稿そのものがバズったり、人の心を動かしたりすることを期待するものです。

心がけてほしいのは、人の欲求の根底に何があるかを注意深く見つめるということです。

例えば、「お金がほしい、稼ぎたい」と言っている人がいるとしましょう。そのとき「そうか、お金儲けしたいんだな」と単純に考えてはいけません。

- 自分の生活をマイナスからゼロにしたいのか
- ゼロからプラスにしたいのか
- プラスからさらに大幅に増やしたいのか

と、もっと細かく見るようにすると、その人がなぜ稼ぎたいのかを理解できます。

また、心身に負荷がかかっても稼ぎたいという人もいれば、ストレスは嫌だという人もいるでしょう。人の欲求の根底に何があるかに注意を払えば、どういう発信をしたらいいのか自ずと見えてくるはずです。


そのうえで、人の心が動くときはどんなときかを考えてみます。

私がこの仕事を通して実感しているのは、**人は不安や恐怖から救ってくれるものがほしい**ということです。

人間というのは、不安や恐怖などマイナスの状態から逃れるために生きています。

もし、自分の身に起こるかもしれない不安や恐怖、良くない未来から救ってくれるものに出合ったとき、【WANT】が【MUST】に変わります。つまり、**単なる「ほ**

WANTとMUST

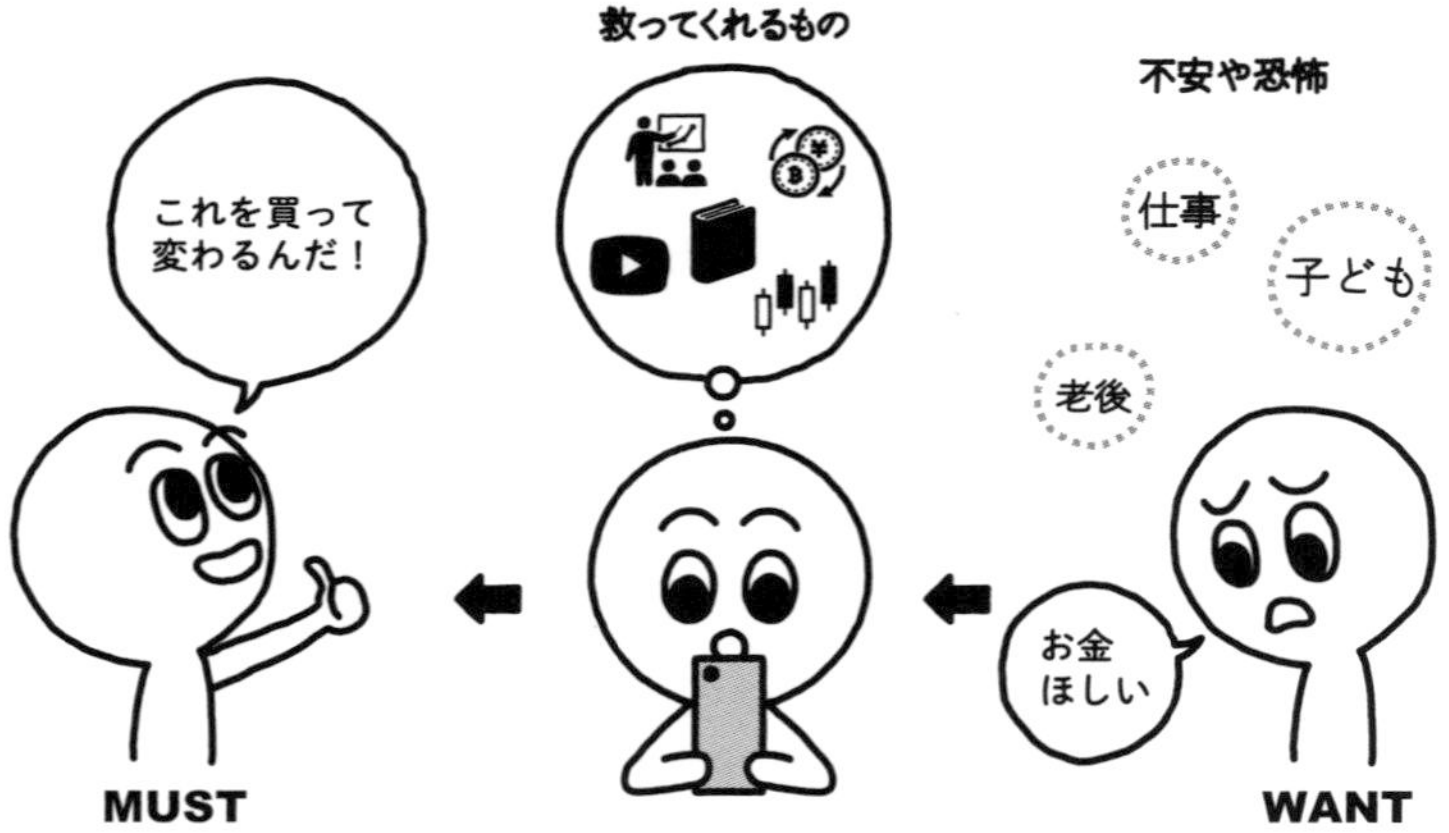

しい」ではなく「これを手にしなければならない」に変化するのです。

ただ、セールスライティングにおいてはWANTとMUSTのどちらも狙うようにします。なぜなら、

● WANT
……高単価な物が売れるが、数はそれほど多くない（マス向けではない）

● MUST
……低い単価でも多くの人が買う（マス向け）

という違いがあるからです。もしWANTを引き出したいならば、圧倒的な未

来を見せなければなりません。

MUSTを狙うならば「この結果がほしい」という期待に応える必要があるのです。

バズるショート動画は語尾まで配慮されている

セールスライティングにおいては、こうした消費者の「ほしい」を刺激する構成が求められます。詳しくは後述しますが、バズるものや投稿には共通点があることを覚えておいてください。

ショート動画を例に挙げると、

- 語尾に変化を持たせる（「〜です」「〜です」と連続させない）
- 接続詞もその都度違う言葉を使う
- 体言止めを混ぜて、テンポやリズム感を生み出すこのような細かい点まで気を配る必要があります。

なぜなら、ＳＮＳは今、次から次に大量のコンテンツが出てきているので、視聴者は「見ていてなんだかストレスだな」と思ったらすぐに視聴を止めて、次の動画へとスキップしてしまうからです。

音や映像に違和感がないかどうか、視聴者に無意識のストレスを感じさせていないか、台本を作る段階から最大限に配慮する必要があります。

消費者の「ほしい」をどうやって見つけるか？

消費者を分析・理解して、クライアントの想いを消費者の「ほしい」に落とし込む

顕在的な「ほしい」は検索エンジン潜在的な「ほしい」はアルゴリズムから

消費者の「ほしい」は、**【顕在的な（見えている）ほしい】**と**【潜在的な（見えていない）ほしい】**に分かれるというのはすでにお話ししました。

【顕在的なほしい】をつかむ方法はさまざまですが、最も効果的かつ簡単なのは、**検索エンジンやSNSの検索で「どういうキーワードが最も検索されているのか」を把握する**ことです（45ページ）。

キーワードそのものを見つけ出すことも大切ですが、例えば「コーヒー豆　デカフェ　酸味が少ない」など、サジェストで出てきたワードにも注目します。

【潜在的なほしい】をつかむには、ＳＮＳのアルゴリズムを理解しなければなりません。

ＳＮＳはアルゴリズムによって、ユーザーごとに最適化された情報が表示されるようになっています。アルゴリズムはプラットフォームによって異なりますが、投稿や評価、ジャンル、ユーザーの興味関心や交流履歴などから複合的に判断され、ユーザーがエンゲージメントする確率が高いと考える投稿が表示されます。

エンゲージメントとは、

- X：リポスト、いいね、リプライ、ハッシュタグや画像・ＵＲＬのクリック数
- Instagram：いいね、保存、シェア、コメント数

などがあります。つまり、ユーザーからのリアクションのことです。

また、投稿の滞在時間の長さ（ひとつの投稿に、どれくらい時間をかけて閲覧しているのか）もアルゴリズムに影響を与えると言われています。

アルゴリズムの傾向がわかれば、投稿がバズる確率を上げられ、フォロワーも増えるでしょう。**アルゴリズムの傾向を把握するためには、「いいね」や保存数、再生回数、コメントなどの数値を分析することが大切**です。

特に注目したいのは、TikTokのアルゴリズムです。

TikTokの利用者がここまで増えたのも、レコメンドとして上がってくる動画の精度が高く、ユーザーが次々と見続けてしまうという現象が起こるからと言われています。

TikTokは、他のSNSと比べてAI技術を担うエンジニアの数が多いため、機械学習のアルゴリズムが優れていて、ユーザーがどの動画に「いいね」を押したりコメントをしたりしたのか、逆に見なかったのはどのコンテンツかといったデータを元にユーザーの嗜好《しこう》を自動で判別します。

だからこそ、他のSNSに比べて「これが見たかったんだ」というものを的確に届けてくれる力が強いのです。

ターゲット・ペルソナを分析し自分で「体験」して消費者を理解する

消費者の「ほしい」を捉えるには、消費者を理解しなければなりません。そのためには、次のような手法を使います。

ターゲット・ペルソナを分析する

マーケティングにおいて、ターゲットとペルソナは設定する際の考え方が異なります。

●ターゲット

性別や年齢層、居住地、消費動向などから、自分たちが訴求すべき「実際に存在する集団」を設定する

● **ペルソナ**

大まかな属性だけでなく、職業や年収、抱えている悩みなど、一人の人物として具体的に作り込む

【ペルソナの設定】
通勤時間／家族構成／配偶者の有無／最終学歴／年収／1日のスケジュールなど

ペルソナを設定すると、ユーザーのニーズが正確に把握できるうえ、関係者の認識のズレを防ぐことができます。マーケティング施策の方向性やコンセプトを固められるのも利点です。

一方で、主観にとらわれず客観的な情報をもとに設定し、複雑すぎないユーザー像を作り出すこと、定期的にペルソナを見直すことが大切です。

ターゲット・ペルソナの生活を実際に自分で体験する

クラウドソーシングなどを通して、狙いたいユーザーに近いターゲットやペルソナ

に普段の生活についてアンケートを取ります。例えば、

- 朝は何時に起きますか？
- 朝ごはんは何を食べますか？
- 仕事を始めるのは何時ですか？
- ランチはどこに行きますか？

といった質問を投げかけ、返ってきた回答と同じように時間を過ごしてみます。そして、消費者の好みや要望、不満をあぶり出します。

仮説を立てて検証する

マーケティングリサーチにおいては、市場や消費者の状況を把握し、現状を推定します。現状を推定することを**【現状仮説】**、「このような方法で実行すればうまくいくのではないか」と仮定することを**【実行仮説】**（または戦略推定）と言います。

【現状仮説】

●コーヒー豆をサステナブルな観点から選ぶ人が増えているのではないか？

●コーヒー豆の産地だけでなく、生産者に注目している人が増えているのでは？

【実行仮説】

●コーヒーの豆かすを資源として使う取り組みを強調してみてはどうか？

●生産者の女性を応援する取り組みを展開してはどうか？

仮説を立てて検証する→再度仮説を立てて検証することを繰り返し、消費者の「ほしい」に迫っていきます。

このように消費者を理解し、クライアントのメッセージを消費者の「ほしい」まで落とし込むことが重要なのです。

消費者の検索方法は「読む」から「観る」へ

Google検索よりもYouTubeで検索するのが「普通」の時代

動画は文字よりも何倍もの情報を伝えられる

皆さんはレストランを探すときに、YouTubeやTikTokで検索したことはありますか?

消費者が気になる商品や場所を検索するときに、Googleで検索して記事を読むのではなく動画を検索するという状態が、もはや普通になってきています。

消費者の検索方法は「読む」から「観る」へと変わってきていると言えます。

株式会社サイバーエージェントが2023年2月に発表した国内動画広告の市場動

動画広告市場規模推計・予測(デバイス別)

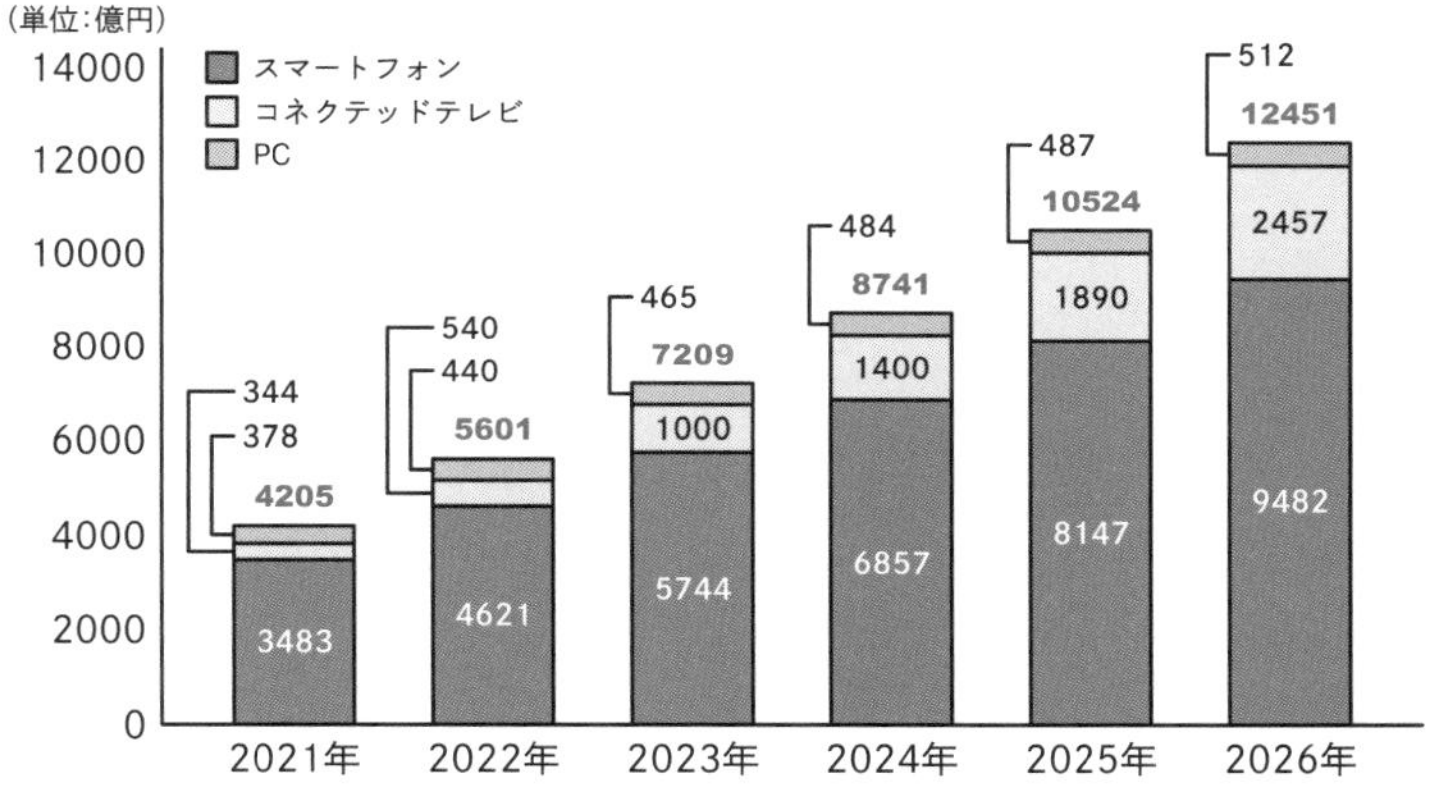

(出典:サイバーエージェント)

向調査では、２０２２年の動画広告市場は、昨対比１３３・２％の５６０１億円に到達し、高い成長を遂げたと報告されています。そのうち、スマートフォン向け動画広告需要は前年対比１３２・７％の４６２１億円にのぼり、動画広告需要全体の83％を占める見込みです。

動画は、文章よりもずっと多くのことを伝えられます。

基本的に人は1分間に３００文字のスピードでスピーチできますが、それだけではありません。

演者の声のトーンや表情、身なりなど、視覚で与えられる情報を含めれば、文字の何倍もの情報量を伝えられるのです。

また、TikTok のアルゴリズム（67ページ）でもお話ししたように、動画の世界はAIの技術が進んでいて、レコメンドの精度がものすごいスピードで上がってきています。ＡＩ側が視聴者の情報を学び共通項を見つけ出して「類似のユーザー」とカテゴライズします。すると「あなたはこういう動画が好きなはずですよね」と、どんどん提案してきて、**言語化されていなかった「ほしい」が引き出される**という状況です。

それは今のＳＮＳの面白さであり、怖さであると言えます。

第3章

消費者の「ほしい」を引き出す動画の技術

収入ゼロのYouTuberが動画ライティングに出合うまで

伸びる動画には理由がある。今、求められているのは動画ライティング

15歳で家を出て、登録者数600人から月収100万円を達成するまで

なぜ動画ライティングという仕事をすすめるのかを説明する前に、私がこの仕事を選んだ経緯についてお話ししましょう。

私は家族と折り合いが悪かったこともあり、15歳で家を出ました。学費は出してもらっていましたが、生活費は自分で稼いで生きていくと決めたのです。

当時すでにYouTubeの市場がとても盛り上がっており、「楽しそうだな、稼げそう

だな」という気持ちでYouTuberになりました。実はこのとき、フードデリバリーのアルバイトもしていたのですが、交通事故に遭ってしまい歩けない状態が続き、家にいながらお金を稼げる手段が動画配信だったという事情もありました。

YouTubeでは、ルームシェア相手との日常など身の回りのことをネタにして発信していましたが、1年間続けてチャンネル登録者数はわずか600人。**収入はゼロ**。そこで「このままではいけない」と思い、本格的にYouTubeの勉強を始めました。

なぜYouTubeが生まれたのか、なぜ収益が上がる仕組みができているのか、YouTubeを使って収益を得ている人は誰なのか、このような「仕組み」の勉強をすると同時に、マーケティングについても学びました。無料で学べるものを活用したり、noteの有料講座を購入したり、20万円程度のスクールを受講したり……と、自分なりにさまざまな教材を試しながら知識を増やしていきました。

すると、少しずつ動画の「伸ばし方」が理解できるようになり、YouTubeのチャンネル登録者数は1万人、TikTokのフォロワーは20万人まで増やすことができたのです。

同時期にインフルエンサーの仕事も経験しましたが、**収入は1カ月30万円程度**。生活はできますが、自分で学費も払えるようになって親を見返すには説得力が足りないなと思いました。そこで、自分が表立って活動するのをやめて、YouTubeやTikTokの運用代行という裏方に回ることに決めたのです。

実はこのとき、動画に関してさまざまな人にアドバイスをしていたのですが、その人たちが軒並み再生回数やフォロワー数を伸ばしていたということも決め手になりました。動画に対する自分の知見を活かして、企業の商品を売ったほうがずっと利益が上がるだろうと踏んだのです。

その目論見は当たり、一気に**月収100万円**まで収入を上げることができました。それが大学4年生のときです。学業はそれほど力を入れていなかったのですが、仕事がとにかく忙しく、1日に14～15時間ほど働いていました。

企画を立ててから台本を作り、撮影し、サムネイルを作り、動画を編集し、YouTubeとTikTokにアップする。それから、視聴者が流入したときにどこにアクセスしたかを解析したり、LINEに登録させて配信したりもします。商品が売れるように動線を引くところまで行なっていました。

市場が盛り上がっていたから稼げたというのはありますが、「きちんと学んで行動する」というのをやらない人が多い中で、諦めずに頑張ったのが評価されたというのが、月収100万円を達成できた理由だと感じています。

自分が動画の台本を書いたら、再生回数が100倍に増えた

動画を配信していて、気づいたことがありました。

それは「台本があるものと、台本がないものでは、再生回数がものすごく変わる」ということです。そのときから台本の大切さに気づき必ず、台本を書くようになりました。

運用代行をする中で台本を他の人に発注したとき、売上げが100分の1に減りましたが、自分が台本を書いたら再生回数が1000回だったのが10万回に跳ね上がった経験があります。

再生回数が100倍違うと売上げがどれくらい変わるかというのは、計算は難しいですが、再生回数1000回で単価3000円のモノが1万3000個売れていたところ、再生回数10万回で6万～7万個が売れたということがありました。ただしこれは、投稿本数やターゲットの年齢層によっても変わるので目安としてください。

現代はさまざまなコンテンツが溢れており、**視聴者の〝1秒の価値〟というのが年々上がっています**。

可能な限り、視聴者から無駄な時間を奪うべきではありません。一方で動画配信者は完璧ではありませんから、どうしても無駄なトークなどが入ってしまうもの。そのために、**「無駄がなく、漏れのない」動画の需要が高まっている**のです。

無駄のない動画は、視聴者にとって見る価値が上がります。

ただし投稿者（クライアント）にとっては、視聴者が見た後に行動してもらわないと売上げが伸びませんので、行動させるために必要な情報を入れておかなければなりません。「この商品は◯◯が魅力です」と言って終わるだけでは不十分で、「概要欄の

ＬＩＮＥから友だち追加をして、問い合わせてくださいね」と案内しないと、動画の価値が下がってしまうのです。

台本を書く分、撮影準備のハードルは上がりますが、台本通りに話すだけで抜け・漏れなく情報を伝えられるという点では楽になります。

また、台本のテキストを活かしてＳＮＳにアップするなど幅広く活用できるので便利です。

動画ライティングの仕事は売り手市場

私が台本の重要性を感じ始めた２０２１年末から２０２２年初頭は、まだ台本を書くことを職業にしている人はほとんどいませんでした。ここ１年ほどの間で、YouTubeでビジネスをする人たちの中で「台本はとても大事だ」という認識が広まってきているのですが、台本を書ける人は少なく、売り手市場という状況です。

動画ライティングの報酬は、1文字あたり1～5円程度。他に複合的なスキルがついた場合は10～15円まで上がることがあります。Ｗｅｂライターなど他のライティング業と比べても高額の報酬が期待できます。

この仕事をやるうえで、マーケティングとＳＮＳの知識は絶対に必要になります。「クライアントの商品は競合と比べて何がいいのか？」を分析して表現し、それに対して「市場は何を求めているか」を理解する力も求められます。もちろん、「この発信者はどんなふうに撮影すると魅力的に映るのか？」を考える力が重要です。

難しく感じられるかもしれませんが、台本を書ける人が少なく、売り手市場である今が始め時だという点は強調しておきたいと思います。

「買うか悩む」を「今すぐほしい」に変えるYouTube

顕在的に「ほしい」と思う人が見るうえに購入に向けた教育が行えるYouTube

視聴者はYouTubeを「ゆっくり時間をかけて見よう」と思って視聴する

YouTubeは、

- 顕在的に「ほしい」と思っている人が見る
- そこまで「ほしい」と思っていない、ライトな視聴者も見る

という特徴があります。

ひと昔前だと、何かを調べるというときはGoogleなどで検索するのが当たり前でした。それがInstagram検索に変わり、現在は「まずYouTubeで検索する」が当然という時代に変わってきている、というのは前述の通りです。そのため、**YouTubeの視聴者は「こういうのがほしいな」「これって実際どうなんだろう」という顕在層の割合が多い**のです。

基本的に視聴者は購入を悩んでいるとき、つまり比較・検討のタイミングでYouTubeを見ることが多いです。そのため、動画を作る際には他社と比べて違いを明確にしたり、「これだと間違いないね」「こういう声がありました」という後押しをしたりすることが大切になります。

YouTubeは視聴者の【**教育**】に向いています。なぜなら、YouTubeは視聴者の可処分時間を多く奪える点が強みだからです。**人は、時間をたくさんかけたものには「これは自分にとって重要だ」と思い込みやすいという特性があります**。※サンクコスト効果という、費やした時間や労力を無駄にしたくないという気持ちが働くのです。

また、隙間時間で見るTikTokなどに対して、YouTubeは「ゆっくり時間をかけて見よう」と思う視聴者が多いのも特徴です。暇つぶしではなく、「これを学ぼう」「この情報を得よう」と目的意識をはっきり持って見ているので、メッセージが伝わりやすく、視聴者を教育しやすいのです。

また、YouTubeは視聴者コミュニケーションが取りやすい媒体です。YouTubeの動画は、まるでその人のためだけに語りかけているような親近感を出せるのが特徴で、視聴者もコメント欄に自由に意見を書けます。それによって動画の作りが変われば「自分のためにこうしてくれたんだ」と感じられ、さらに親近感が増します。

YouTubeは再生回数がクリエイター（動画配信者）の利益につながるという文化が

※サンクコスト効果
すでに支払ってしまい、取り返すことのできない金銭的・時間的・労力的なコストを取り戻そうとする心理効果。

土台にあり、「自分たちが参加することでクリエイターにお金が入る、その代わりクリエイターは面白いものを提供してくれている」という、場に参加する意識が視聴者にあります。「いいね」やチャンネル登録も、視聴者からしたら〝与えるもの〟になりますので、そのお礼としてクリエイターが視聴者に対して配慮をするということが必要です。

これによって生まれる親近感やコミュニケーションは、XやInstagramとはまた別のものだと考えています。

それでは、どのぐらいの長さの動画が購入につながるのでしょうか。これは私の体感ですが、**動画の尺としては1本あたり20分が最適**で、視聴時間の累計では3時間程度だと感じています。

20分だと家事やお風呂の間にも見てもらえますし、2倍速にすれば10分。また、何回も見てもらいやすい尺です。ただし、これはターゲットによって変わってきます。電車の移動時間で再生してほしいのか、5分の隙間時間で再生してほしいのかでも変わるので、あくまでターゲットを意識して尺を決めるようにしてください。

「あ、見たことある」を「ほしい」に変えるショート動画

動画視聴の主流はショート動画　各プラットフォームの特徴を押さえて投稿しよう

拡散力があり、「見たことある」になりやすいショート動画

20分程度の動画に強いYouTubeに対して、1分程度のショート動画が最近の主流です。その特徴としては、

- 動画視聴という文化の中でショート動画は主流になっているので、人の目に触れる機会が桁違いに多い
- 拡散力があるので認知されやすい（「見たことあるね」という状態になりや

すい）

- レコメンド機能が発達しているので、見る人の好みに合わせやすい（特にTikTok）
- 制作コストが低い
- 作った動画はTikTokのみならず、YouTubeショート、Instagramリール、LINE VOOMなどほかのSNSに活用できる

などが挙げられます。なお、ショート動画の定義としては30秒から1分と考えてください。

制作コストに関しては、YouTubeが1本10万〜30万円に対してTikTokは3万〜6万円ぐらいです。質の良いクライアントが多いのはYouTube、「予算は少ないけれど一発当ててみたい」と思っている方が多いのがTikTokというイメージでしょう。

ただ、将来のステップアップを考えたとき、YouTubeの台本を手がけたほうがより効果的というのが私の意見です。

ショート動画のプラットフォームの特徴

ここで、プラットフォーム別の特徴をまとめてみましょう。

●TikTok

隙間時間に「サクッと面白いものを見よう」というのが視聴動機。あれこれ少しずつ見る人が多いことから「つまみ食いのSNS」とも呼ばれる。エンタメ要素が強く、特にテンポ感を意識したものが多い。アプリの使いやすさ、撮ったものをそのまま投稿できる気軽さがあり、新しいクリエイティブが生まれる文化がある（面白い動画が真似され、拡散される「ミーム」がある）

●Instagram リール

見た目・ビジュアル重視。何をどこで撮ったか、背景などが重要になる。フィード投稿やプロフィールなどと合わせて、アカウントの世界観を形成する

※ストーリーズはショート動画に含まれない（ストーリーは主にユーザーとの距離を縮めることが目的となる）

●YouTubeショート

「ショート動画もとりあえずYouTube上で見ようか」が主な視聴動機。ショート動画をダイジェストとして見て、フルバージョンに移行するパターンも多い

●LINEVOOM

動画はたくさん投稿されているものの、市場としてはまだまだ成長の途中

TikTokは2024年1月現在、縦型の動画を最大10分まで投稿できます。それに対し、YouTubeショートは1分以内。世の中のニーズに合わせて、TikTokはYouTubeに、YouTubeショートはTikTokに近づこうとしているように感じます。

ただし、TikTokで長い動画を投稿するというのは、初心者にとってはハードルが高いもの。やはり短い動画を何本も上げていくほうが効果的です。

同じ動画を違うプラットフォームに投稿していいのか、という疑問はあるかと思います。もう少し各市場が成熟すれば違う動画を作ったほうがよくなるのでしょうが、現在は同じもので十分です。

ただし、**自分が最も露出したいプラットフォームは絞っておくことをおすすめします**。TikTokをメインに投稿するのにInstagramリールの流行に合った撮り方をしては、あまり伸びないでしょう。

前述したように、あくまでユーザーの目的意識や心理状況を踏まえて動画を作る必要があります。

1万回再生されても、「お客様」になるのは0・03％

視聴者の7割が動画の途中で離脱してしまう

視聴者の心を最後までつかんで離さない「台本力」が問われる時代

ものやサービスを売るという商業目的の動画の投稿本数は、1チャンネルあたり月8〜10本が平均です。

昔は「どんな内容でも毎日投稿すべき」という文化がありましたが、コンテンツが増える中で「**本数よりも質**」が問われる時代になってきました。

投稿する動画のうち、発信する内容は

- 新規ユーザー向け……3割
- 既存ユーザー向け……5割
- ファン向け…………2割

という割合を、自分の中で意識しています。

動画のジャンルによって尺は異なりますが、新規ユーザーと既存ユーザー向けは10〜20分程度の万人が見やすい尺。ファン向け・ニッチな内容は長い尺のほうがよいでしょう。ただし、内容が最優先です。

しかしながら、**動画を視聴した人のうち、7割は途中で離脱してしまいます**。10分の動画の場合、最初の30秒で5割は離脱し、最後までにあと2割が離脱すると考えてください。そのため、台本の段階でいかに離脱を防ぐ工夫を行うかが大事になります。

視聴者のうち、どのぐらいが自社の「お客様」につながるかは気になるところです

「お客様」になる視聴者は再生回数の0.03%

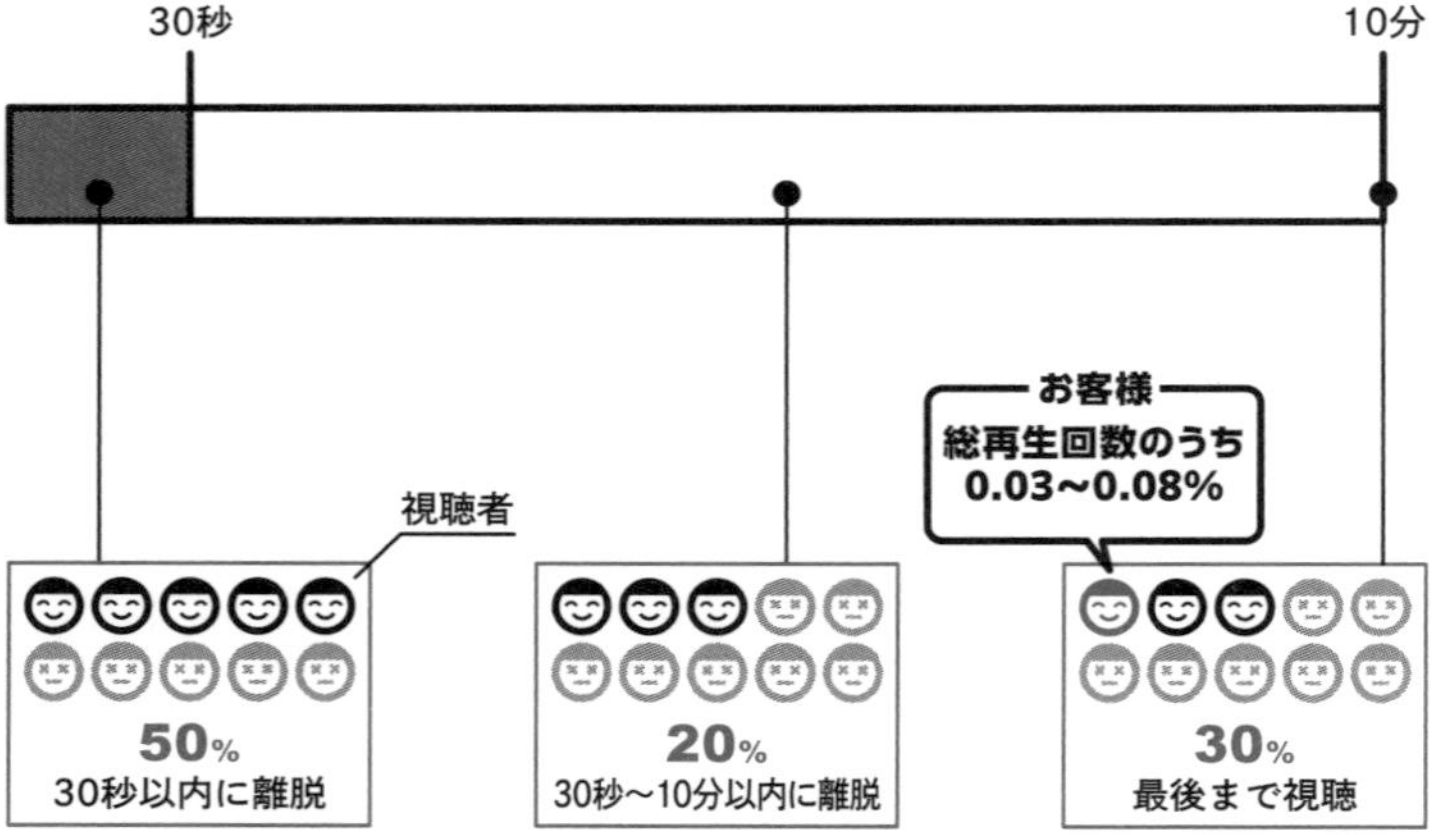

よね。

ＬＩＮＥに登録させたり、何かの予約につなげたりすることが目的の場合、達成率は０・03〜０・08％程度です。

１万回の再生で数人。二桁いけばいいところです。ただしこの人たちはとても良質なお客様なので、ものが売れやすいです。

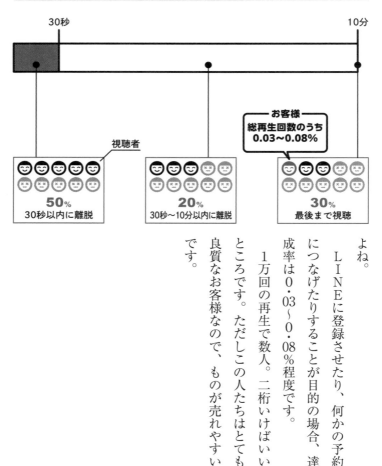

数ある動画の中から視聴者に選ばれるサムネイル・タイトルを作る

ユーザーの興味を惹き、最後まで視聴をやめさせないコツ

ユーザーはサムネイル↓タイトルで動画を見るかを判断する

数ある動画の中からユーザーに動画を選んでもらうには、どうすればいいでしょうか。

ユーザーはまず、サムネイルを見て動画を判断し、タイトルを読んで内容を把握します。そしてクリックするという流れなので、サムネイルとタイトルは非常に重要です。**ショート動画は最初の2秒で判断されます**が、それに当たると考えてください。

サムネイルで心がけるべき点は、

- ネガティブなもの／ことを強調して人の関心を惹く
- 人の悩みや気になることを強調する
- 数字を使う

などが挙げられます。

タイトルでは、どういう動画なのかある程度詳細がわかるよう、視聴者に知らせる文章にすることがポイントです。

サムネイルに使用したほうがいいワードをご紹介します。

❶【】
❷チャンネルキーワード
❸問いかけ

❹ !、?
❺ 数的根拠

YouTubeの概要欄は、最大で半角5000文字(全角2500文字)まで記入できます。そこで意識すべきは【見た目】です。

概要欄まで目を通す視聴者は珍しいので、読んでほしい部分を目立たせる工夫をし、視聴者がパッと読みやすい概要欄を作るようにしています。

概要欄の多くは、LINEに登録するメリットなどが書かれています。見せ方を工夫し、読んだ人が得をするような概要欄を作る必要があると言えるでしょう。

ターゲットに刺さるよう、ワード選定に気を配る

ワード選定のコツの一つは、**ターゲットの中にある言葉を使うこと**です。

例えば、ビジネスマンが見る動画に「フレームワーク」という言葉を入れても大半の人は理解できますが、主婦層が見る動画にこのワードを入れてもピンと来る人は少

ないでしょう。

ターゲットが普段からよく使っている言葉、馴染みがあるワード、その人が持ち合わせている単語を動画にも使うようにしなければ、ターゲットに刺さりません。

もちろん、ターゲットの年代によっても異なります。50代後半ならばバブル時代の話題を持ち出しますし、「ナウい」「チョベリグ、チョベリバ」がピンとくる世代もあるでしょう。20代ならば『鬼滅の刃』や『呪術廻戦』といった話題の漫画やアニメなどのネタを織り交ぜてもいいでしょう。ターゲットに合わせたワード選定は、普段からかなり意識しましょう。

視聴者の離脱を防ぐ4つのポイント

視聴者の7割が動画の途中で離脱するということはすでにお話ししました。この割合を少しでも減らすには、次のような努力が必要です。

①動画のゴールを提示する

「この動画を視聴した後に、あなたはこういう状態になることができます。だからこの動画をちゃんと見てくださいね」というメッセージを伝え、ゴールを視聴者に提示します。

②視聴者の課題・悩みをつかみ取る

誰しも、自分が課題だと感じていることや悩みを言い当てられると、自然と動画に引き込まれるもの。いかにターゲットに合わせたメッセージを届けられるかが大切になります。もちろん、企画そのものの良し悪しも問われます。

③サムネイル・タイトルの期待値を裏切らない

離脱理由の一つとして、サムネイル・タイトルと動画の中身が乖離《かいり》しているということが挙げられます。そこで、「サムネイルとタイトルから期待されるものはここにあります」という内容を視聴者に届けることが大切です。

例えば、「〇〇の衝撃」というサムネイルがあったとしましょう。その場合、開始から10～15秒でその「衝撃」を視聴者に感じてもらえるよう、台本の段階で意識をしなければなりません。もしそれが作れないならば、期待値を必要以上に上げてしまうサムネイル・タイトルにすべきではないでしょう。

サムネイル・タイトルと台本との乖離がないように気をつけてください。

④視聴者の心理を突き、視聴の心構えを作る

視聴者が動画をクリックするのには、「暇つぶしをしたい」「楽しみたい」「恐怖を感じたい」「心配事を解決したい」という理由があります。

動画の開始10～15秒の間で、「あなたはこういう目的で見にきましたね」という話をして、視聴者の心構えを作ることもポイントです。

サムネイル・タイトルで視聴者の興味を惹くワードを使うのは大切ですが、期待値を上げすぎてがっかりさせてしまっては逆効果。さじ加減が難しい部分でしょう。

そのため、基本的にサムネイルやタイトルを貰ってから台本を書く、というのがベストです。「どんな人がこの動画を見にくるのか？」をしっかりイメージできる台本

制作者が、良い台本を書けるのです。

同じような動画が山ほどある中で、ユーザーに自分の動画を選んでもらうポイントをもう一つお伝えしましょう。

それは**常識を破壊すること**です。一般に思われていることの【逆張り】をするということでもあります。

例えば、「英語を話したいなら英語は聞くな」「英語を話したいなら単語の勉強はするな」と言われると、思わず「なんだろう?」「もっと聞いてみたい」と思いませんか?

この逆張りを、タイトルやサムネイルに入れておくことは重要です。

視聴者を飽きさせず最後まで動画を見てもらうテクニック

行動心理学を使って視聴者の心をつかみチャンネルへの親近感を高める

「どういう動画なら視聴者は見るか？」を徹底して考えよう

ここからは、視聴者を飽きさせない工夫についてお話ししましょう。
私が最も意識しているのは、前項の常識の破壊と同様、**視聴者に「え？　そうなの？」と思わせ続けること**です。

話を展開する例を挙げます。

導入部分で「お金がほしいなら、お金を稼ごうとしたらダメなんです」という逆張りで視聴者の興味を惹く
↓
続いて「なぜなら、稼ごうとすると目先のお金しか追うことができず、大きなお金が入ってこなくてしんどくなってしまいませんか？」と問いかけ、視聴者に考えさせる
↓
最後に「疲弊してしまうので、『稼がなくてもいい』という状況を作ってから、これからお話しするある努力を続けてみましょう」と、自分が望む方向に話を展開する

台本を作る手順としては、**「これなら視聴者が興味を持ってもらえるな」というストーリーをまず描き出し、それに合わせたデータなどを調べて肉付けしていきます。**最後に、意外性がある面白い展開を加えてまとめると、良い台本に仕上がります。

大切なのは、「どういう動画なら視聴者は見てくれるのか？」を徹底して考えるこ

とです。

もちろん、動画を通じて商品やサービスを買ってほしいというのは大切な目的なのですが、それよりもこの時点で考えるのは、視聴者が見ていて飽きない動画を作ること。

現代の視聴者はとても敏感で、「売ろう」という姿勢があまりにも見え見えだと動画を飛ばしてしまう人も多いです。広告でありながらも面白そうで、視聴意欲をかき立てるような動画を作ることが求められています。

私がよく使う論理展開は、次の通りです。

「あなたが望む未来に対して、こういう部分が足りていないから、まだ達成できていませんね」
↓
「解決手段としてこういうものがあります。あるいはこういう手段もあります。これらも、もちろん悪くないと思うのですが……」

←「A社の製品がとても良いですね。ただし、この点があまり向いていないからB社の製品でも良いかもしれません」

←「でも、価格が高すぎてネックでしょう。機能がすべて揃っていて、価格も手頃なら当社の製品がおすすめです」

このように、広告でありながらも視聴者にとって価値のある情報を散りばめて、視聴者に「参考になるな」と思わせることが大切です。あるいは、振り切ってエンターテイメントに徹するのも手です。

すぐに使える！ 視聴者を飽きさせない5つのテクニック

視聴者を飽きさせない工夫について、いくつかのテクニックをお教えします。

①期待値を上げる

視聴者に動画のゴールを提示することは離脱を防ぐために効果的だと前述しましたが、それをさらに膨らませます。

「動画の最後にはこれをお伝えしますので、最後までご覧ください」と、終わりにどのような**【価値】**が待っているかをあらかじめ伝えて、視聴者に期待感を持たせます。

②動画が進むにつれて濃い情報を出していく

シナリオの世界では、「シンデレラ曲線（または感情曲線）」というストーリーラインの基本があります。シンデレラの物語をもとにした物語の起伏のことですが、最大の特徴は**物語が最高潮に盛り上がって終わる**ということ。一般的に悲壮なシーンと比べてクライマックスが盛り上がれば、観客の満足度は高まるという傾向があります。

これを応用して、動画を作ります。

最初は1つ、動画が進むにつれて2つ3つと新しくて濃い情報を出していくと、動画が階段式に展開します。すると視聴者は「この後にもっと良い情報が待っているはず」と期待感が高まり、飛ばすのをやめるでしょう。そして、最後は視聴者の満足感が高いところで終了できるのです。

③前提知識を揃える

YouTubeやTikTokは、視聴者がチャンネルの視聴に参加するタイミングがバラバラです。もし、以前の動画で発信したことを前提に話を展開したとしたら、最近視聴に参加した人は「ついていけない」「わからないからつまらない」という事態が発生してしまうでしょう。

そのため、**ターゲットの一番下の層（前提となる知識や情報を持っていない人）に合わせて話をすることが大事になります**。わかる人だけへの情報発信ではなく、わからない人に合わせて視聴者の知識を揃えていくようにします。

④仮想敵を作る

【仮想敵】を作ることは、マーケティングやコピーライティングで人の心を動かす手法の一つです。基本的に、人は「自分は悪くない」と考える生き物。そこで、他の人やグループ、概念などを悪者にして視聴者を肯定します。

仮想敵を作ることで発信者が際立ったり、興味・関心を持ってもらえたりするものです。また、仮想敵がいることで団結力が増すという効果があります。

気をつけたいのは、特定の人や会社、商品を名指しにしないということ。「◯◯の商品」「◯◯を使っている人」ではなく、

- ポイ捨てする人
- 不倫
- 副業をなかなか始められない人
- 金利が低い銀行

など、視聴者を悩ませる原因や世の中全体が困っていることを仮想敵に設定するのがコツです。

⑤チャンネル内を回遊させる

動画配信者は「いつ、何の動画を配信する」と計画を立てるものですが、実際のと

ころ、視聴者はどの動画から見始めるか、いつ何を見るかはわからないものです。

また、1つの動画を見ただけで発信者のことを十分に知ってもらえるわけではありません。そこで、

- 過去にはこのような動画があります
- その中でこういうことを話していました
- 今後は、次のような動画を配信していきます

という案内をします。

動画に触れる時間が長いほど、視聴者は単純接触効果※で親近感が増すものですし、サンクコスト効果も発生します。

※単純接触効果（ザイオンス効果）
もともとあまり興味がなかったものでも、何度も触れているうちに興味を持つようになるという心理的現象。ＣＭ、メールマガジン、Ｗｅｂ広告、営業訪問など、さまざまな場面で使われている。

あるデータでは、過去の動画をすすめている動画とすすめていない動画では、再生回数が10～20％も違ったそうです。それを売上げに換算したらどれほどになるでしょうか。動画の資産価値を高めるためにも、回遊対策は重要です。

具体的には、「過去にこのような話をしましたが」「以前こういうことをしましたね」と以前の動画に触れて、「この後を理解するには前段階の動画を見ておいたほうがよさそうだ」と視聴者に思わせます。これは自然の流れに任せるのが最も効果的ですが、できれば2～3回繰り返すようにします。

他にも、

- 以前配信したAという動画を見ていない人は、この先見ないでください
- とりあえずAという動画を先に見ておいてくださいね

などと、視聴者に行動させるのも手です。

また概要欄にリンクを貼っておき、それに言及するという手法も挙げられます。

視聴者を飽きさせないために、次のワードを積極的に使うようにしてください。

❶概要欄にある過去の〇〇という動画で
❷今後▲▲についても動画にしようと思っています
❸問いかけ・呼びかけの言葉
❹衝撃の展開でした
❺想像してください

いずれも視聴者を惹きつける言葉です。本項でお話ししたエッセンスが詰まっていますので、台本の中に散りばめていってください。

視聴者に行動を呼びかけて商品の購入を後押しする

視聴者の【行動】こそがクライアントにメリットをもたらす

視聴者に行動を呼びかける、効果的な4つの手法

それでは次に、視聴者が【行動】するための工夫についてお伝えします。

行動とは、つまり**視聴者が商品やサービスを買ったり、LINEに登録したりするといった売上げにつながるアクションのこと**です。

この仕事をしていて、「クライアントが儲からないと自分たちにお金は入ってこない」ということを理解できていない人に出会うことがしばしばあります。そういう人は「なんでこんなにギャラが安いのか」「お金が全然入ってこない」と文句を言うの

ですが、クライアントが儲かっているから（外部に）依頼してくれるという視点が欠けているのではないでしょうか。

クライアントワークをしている以上、クライアントの利益を最大限に高めることが自分たちの使命だと考え、努力するようにしてほしいと思います。

クライアントの売上げを増やすにはどうすればよいでしょうか。

「売上げ」の解像度を高めると、商品を買ったりＬＩＮＥに登録したりという、視聴者の【行動】が見えてくるはずです。これまで視聴者を飽きさせない工夫をお話ししてきましたが、やはり最も重要なのは、【行動】のための取組みです。

それでは、視聴者に【行動】を促す工夫をお伝えしましょう。

ＣＴＡ（Call to Action）

動画をきっかけにモノが買われるということは、視聴者が動画を見たあと、どこかにアクセスするという動線が必ず存在します。ＣＴＡとは、視聴者の行動を喚起するための施策の総称です。

具体的には、

- チャンネル登録してください
- LINEの友だち追加をしてメッセージを送ってください
- 概要欄から問い合わせてください
- 詳しい資料のダウンロードはこちらからどうぞ

などと言い、相手の行動を促します。

CTAは、**報酬の明示**、**行動内容を伝える**、**テーマコピーを伝える**という3段階に分かれます。

1 報酬の明示

人は基本的に、

- 自分にとって得があるなら行動する
- 損すること、無駄なこと、危険が及ぶようなことはやらない
- 「わからない」ものには触れたくない・近づきたくない

という特徴があります。だからこそ、

- 行動すると得することが待っていることを伝える
- わからない状態を可能な限りなくす

ということが重要です。

この段階では、行動した場合に何が得られるか、どんなベネフィットがあるか、いかにデメリットが解消できるかを伝えるようにします。

2 行動内容を伝える

行動すると良いことがあるのは理解できたとしても、「確信につながらないから動

けない」「何をしたらいいか考えるのが面倒くさい」という人も多いです。そこで、「Aをしましょう、次にBをしましょう」というように視聴者自身が考える手間を省けるよう行動する内容を明示します。

視聴者は行動する工数が2つ以上になるとやらない、というのが私の体感です。基本的にはチャンネル登録とコメントが限界で、それに「LINEも登録してくださいね」が重なると難しいでしょう。LINE登録や特典の案内などは概要欄に書いておき、2タップ以内で行動が完結するようにしておきます。

一方で、行動数は少なければ常に良いというものではありません。**行動数が多くなるほど、目的意識が高い人が残っていきます**。

高額商品のセールスで無料の個別相談を実施する際には、当然ですが目的意識の高い人を中心に来てもらわないとコストパフォーマンスが悪いわけです。

ある程度ふるいにかけるためにも、**【キーワードを打たせる】**という手段は有効でしょう。手数がかかったり時間がかかったりするものほど、思い入れが発生して好きになりやすいという心理も作用します。

行動数を増やすと目的意識の高い人が残る

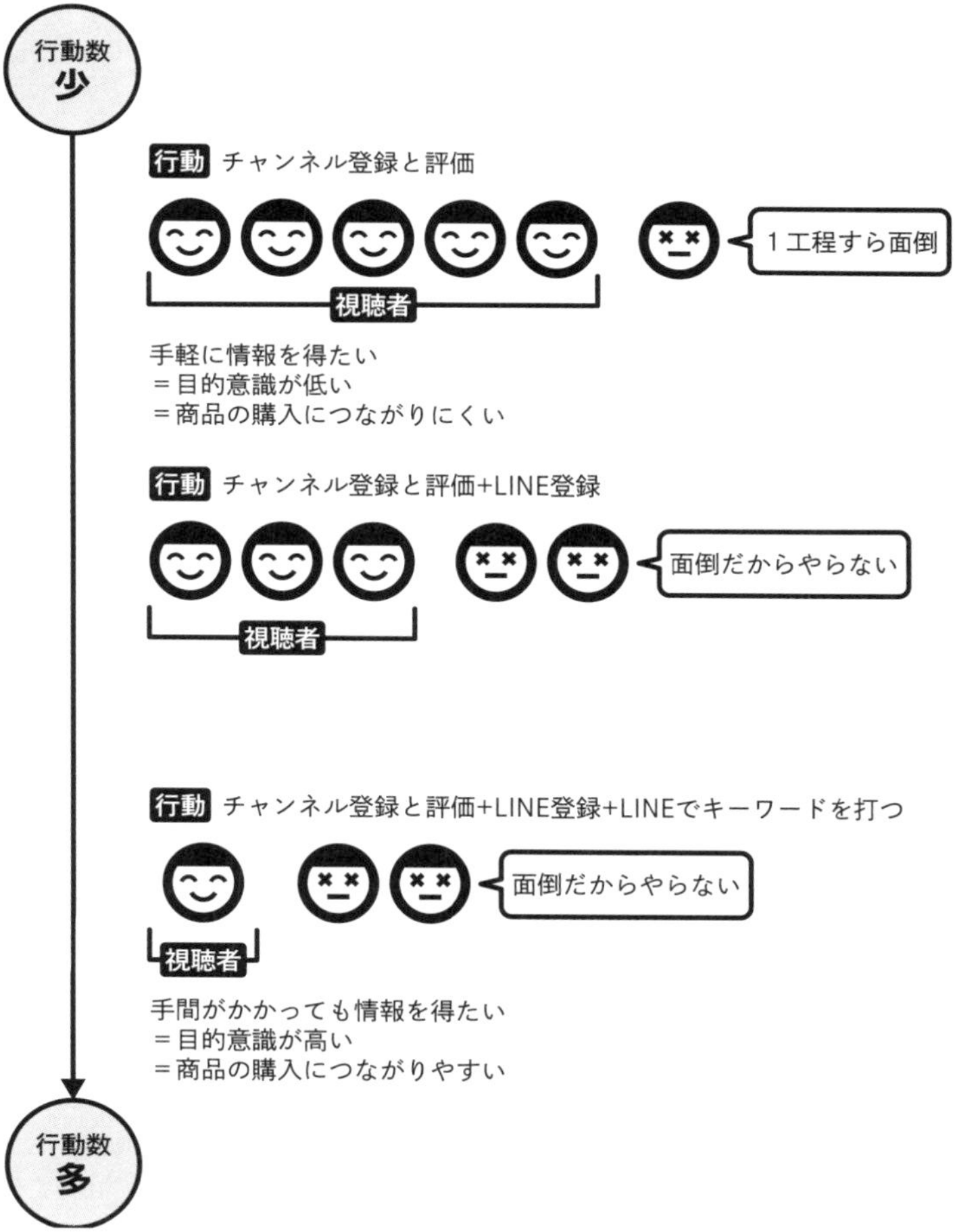

新規向けの動画には行動数を多く設定してスクリーニングします。逆にファンは行動数が少なくてもすでに学習してくれているので、行動数は少なくてもよいです。

3 テーマコピーを伝える

テーマコピーとは、**行動に付随したサブ情報**のこと。ＣＴＡの見栄えを良くして、視聴者の興味を惹きます。

例えば「減量レシピはあと1週間しか公開していません。みんなには絶対手に入れてほしいので、今すぐＬＩＮＥ登録してください！」といった表現が挙げられます。

YouTubeはテレビショッピングと異なり、売られることに敏感だったり嫌悪感を抱いたりする視聴者もいます。

そのため、ＣＴＡの際は「こういう場合はこれがあったほうがいいのでは」「押しつける気はないけれど、あなたがほしいなら……」と、**あなたのためを思っていますということを強調するとよい**でしょう。具体的なセールストークはＬＩＮＥで行うのも手です。

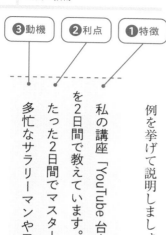

FAB

FABは、CTAの報酬の明示（114ページ）を深める考え方です。
FABは**特徴→利点→動機→利益**の順番で話します。

❶特徴：客観的な事実のみを伝える
❷利点：メリットを伝える
❸動機：メリットが必要な理由を伝える（省略可）
❹利益：約束された未来の利益を伝える

例を挙げて説明しましょう。

❶特徴
私の講座「YouTube台本CAMP」では、売上げを高めるYouTube台本の書き方を2日間で教えています。

❷利点
たった2日間でマスターできますので、コストパフォーマンスが良いです。

❸動機
多忙なサラリーマンや子育てに忙しい主婦でも、すぐに副業としてスタートでき

❹利益

ます。
会社に頼らない収入を得ることができます。また自分の市場価値が上がり、単価アップや新規案件・継続案件も増えていくでしょう。

このように話すと、視聴者はメリットとベネフィットを具体的にイメージできます。

お手軽感

視聴者に行動を求めるときには、なるべく**簡単ですぐにできることをアピールするのがコツ**です。

人は行動するときに損得勘定が働くので、チャンネル登録、LINEの友だち追加などの「手間」と「リターン」を天秤にかけます。そこで**手間を小さくすると、相対的にリターンが大きく見えるというテクニックを使います**。

具体的には、

- ◯◯するだけです
- たった◯秒で完了します

などの言葉を使います。

ＬＩＮＥの友だち追加は、実はそれほどお手軽ではないのですが、それを「友だち追加するだけで」と言い切ることがポイント。

また「5秒で」「1分で」と数字を入れると、「行動しようと思ったけど、どれくらいかかるかわからないな」と思う人を動かすことができます。

限定感

時間や数量の希少性を提示することで、視聴者に「今が行動のタイミングですよ」と知らせる工夫です。

人は手に入った喜びよりも、手に入らなかった悲しみを恐れるもの。「今行動しないと手に入らないかもしれない」と思わせ、行動のきっかけを作ります。

具体的には、「もう予約枠が埋まりそうです」「今月だけなのですが」などの言葉を

使います。基本的には、

- 数量を限定する（1日〇人まで、〇個限定など）
- 期間を限定する（〇日まで配布）

という2つの限定感をアピールします。

限定感を伝えるときに使えるワードは、次の5つです。

❶今回だけ
❷特別に
❸〇名限定で
❹少しだけ
❺30秒だけ

この手法は昔から使われてきたものです。

だからこそ、「今月だけと言うけれど、どうせ来月もやるんでしょう」などと思う視聴者も多いでしょう。

期間を限定する場合も「今月だけ」ではなく「9月1日から30日までです」と明示したり、来月も実施する予定があっても内容を変えたりするなど、**「今」しか手に入らないことが伝わる工夫が求められています**。

また、視聴者の**【教育】**を利用するのも手段の一つです。

動画の中で「決断と行動が早い人は結果が出やすいです。ここで行動できた人は本当に優秀です」ということを強調し、「限りあるものなので、行動しましょう」と視聴者にたたみかけていきます。

もちろん、なぜ決断と行動が早い人は結果が出るのか、具体的にどのような結果がついてくるのかというのは、きちんと説明しなければなりません。「決断と行動が遅い人は逆に……」という対比するエピソードを話すのも効果的です。ここで納得した視聴者は、こちらの行動喚起についてきてくれるでしょう。

視聴者の教育は、**【限定感】**に限らずさまざまな場面でも応用できますので、試してみてください。

ＣＴＡの手法はどんどん洗練されてきています。単に「チャンネル登録お願いします」ではなく、チャンネル登録をするメリットを視聴者にしっかりと伝え、意味を付与することが大切です。

ここ最近で私が感心したＣＴＡは、アニメ『呪術廻戦』をネタにしたものです。出演者が「モチベ低下の呪いを払うためにチャンネル登録をお願いします」と呼びかけていて、上手だなと思いました。

ＣＴＡをエンターテインメントに変えるというのは有効な手法です。出演者が「チャンネル登録をしてくれないと、私がこうなっちゃうんです」と訴えかけるのも面白いでしょう。

ＣＴＡは、視聴者に「またか」と思われるほど効力が薄れていきます。動画制作者としては、効果的な手法を次々に考え続けていかなければなりません。

最後まで視聴してもらうためにはストレスを与えない動画制作が大事

良質なコンテンツが溢れる中で視聴者は【減点方式】で視聴している

期待を裏切られる・先が見えない動画はNG

ひと昔前は市場に面白いコンテンツがあまりなかったので、視聴者もCMが入ろうが、ノイズが走ろうが動画を見続けてくれていました。ところが現在は、YouTubeやTikTokに面白くて良質な動画が溢れている時代。視聴者は見ていて少しでもストレスを感じると、すぐに視聴をストップするか違う動画にスキップしてしまいます。

今の視聴者は減点方式になっているので、動画制作者はいかに減点されない動画を作れるかが求められているのです。

視聴者に減点されてしまうポイントには、

- 編集が行き届いておらず、見栄えが悪い
- ノイズが頻繁に走る
- 画面の切り替わりの際、テロップの位置とタイミングがズレることが続く
- 出演者が「えー」「あー」などを連発する

などが挙げられます。

私がいち視聴者としてストレスを感じる動画は、さらに次の特徴があります。

①前提知識のフォローがない

視聴者の前提知識を揃えることの大切さはすでに述べました。しかしこの前提知識がまったく共有されず、視聴しても何のことを言っているかよくわからないという動画は、見続けることが苦痛になってしまいます。

ストレスは離脱の原因

やはり、どの動画から見ても視聴者が内容を理解できるよう、前提となる知識はきちんとフォローされるという構成が望ましいです。

②サムネイル・タイトルと内容が合っていない

YouTubeにおいて、サムネイル・タイトルと内容に乖離があり、視聴していて期待を裏切られたと感じると視聴者は見るのを止める危険があります（99ページ）。

期待値を上げすぎないサムネイル・タイトル作成は大切です。

③動画で何が得られるかが見えない

動画のゴールが提示されておらず、視聴を終えたときに何を得られるかがわからない状態は視聴者にとってストレスです。

「この動画はここが面白いポイントです」と言われるならば彼らも待ってくれますが、起伏がなく「一体次に何が来るのか見えない」という状態が続くのは避けてください。

気をつけたい！視聴者が離れてしまうダメワード

視聴者にストレスを与えないよう、動画ライティングで気をつけていることとしては、

- 末尾の母音が重ならないようにする
- 接続詞を使い分ける

などです。この2点は動画ライティングの基本ですので、覚えておいてください。

あくまでも視聴者の身になって、「ここはストレスがかかっていないかな?」と想像しながら書くようにしましょう。視聴者の中にある言葉を使うことは、飽きさせない工夫としても重要です。動画に夢中にさせるようなライティングを心がけてください。

最後に、視聴者が離れてしまうダメトークを挙げておきましょう。

❶自社のメリットのみを話す
❷他者を下げる
❸ターゲットが使わない言葉を使う
❹専門的な単語を使う
❺聞いていてしんどかったり、辛い・ネガティブだったりするエピソードを話す

基本的に、「買ってください!」の一点張りはNGです。あくまでも客観性がある内容であることを意識してください。

第4章

視聴者の「ほしい」を引き出す動画ライティングの技術

視聴者の「ほしい」を引き出すうまい台本とは？

実際の台本例を公開！　こんな台本ならクライアントから喜ばれる

執筆した後に要素を細分化して肉付けするのがポイント

それではいよいよ、台本の具体的な書き方について述べていきましょう。
質の高い台本は、

❶プロット作成……台本の大枠を決める
❷台本の作成………実際に台本を書く
❸自己添削…………添削で質を高める

という3つのプロセスを経て出来上がります。この章では台本の作成から自己添削までを説明します。

❷の台本の作成をする際には、以下の手順を踏むようにします。

①シンデレラ曲線（感情曲線）を分析する
視聴者の感情の推移を、動画の始まりから終わりまで予想して作成する
②台本を執筆する
プロットとシンデレラ曲線をもとに台本を執筆する
③構造要素を細分化する
台本の構造を細分化し、ＯＰ（オープニング）やＣＴＡのテコ入れをする
④意図の要素を細分化する
各文章の意図を細分化して書き込む

台本では、常に視聴者の心の動きを意識して誘導しなければなりません。ライターが書きたいように書く台本は、一方通行に終わってしまいます。

台本を一度執筆した後は、構成要素と意図を細分化し、肉付けしていきます。意図とは制作者やクライアントの意図のことです。台本の構成要素については後述します。

それでは136ページから、実際にポートフォリオ（自己PR）として使用していた台本を例にポイントを解説します。

この台本のテーマは、「YouTubeの台本を発注したい人が、台本制作者を選ぶときに気をつけたいことを、台本ライターが語る」です。

動画の尺は約9分30秒を想定しています。

演者の話すスピードや編集によって多少の時間の増減はありますが、4000文字前後の台本だと、10分程の動画になると考えてください。

台本の読み方

【構成要素】

一つひとつのセリフの役割。

「➡」に記載のページで解説している

【視聴者テンション】

動画の視聴者のテンションを最大100%で数値化。テンションが上がるところ＝視聴者の興味の「核」を意識し、起伏（緩急）のある台本をつくる

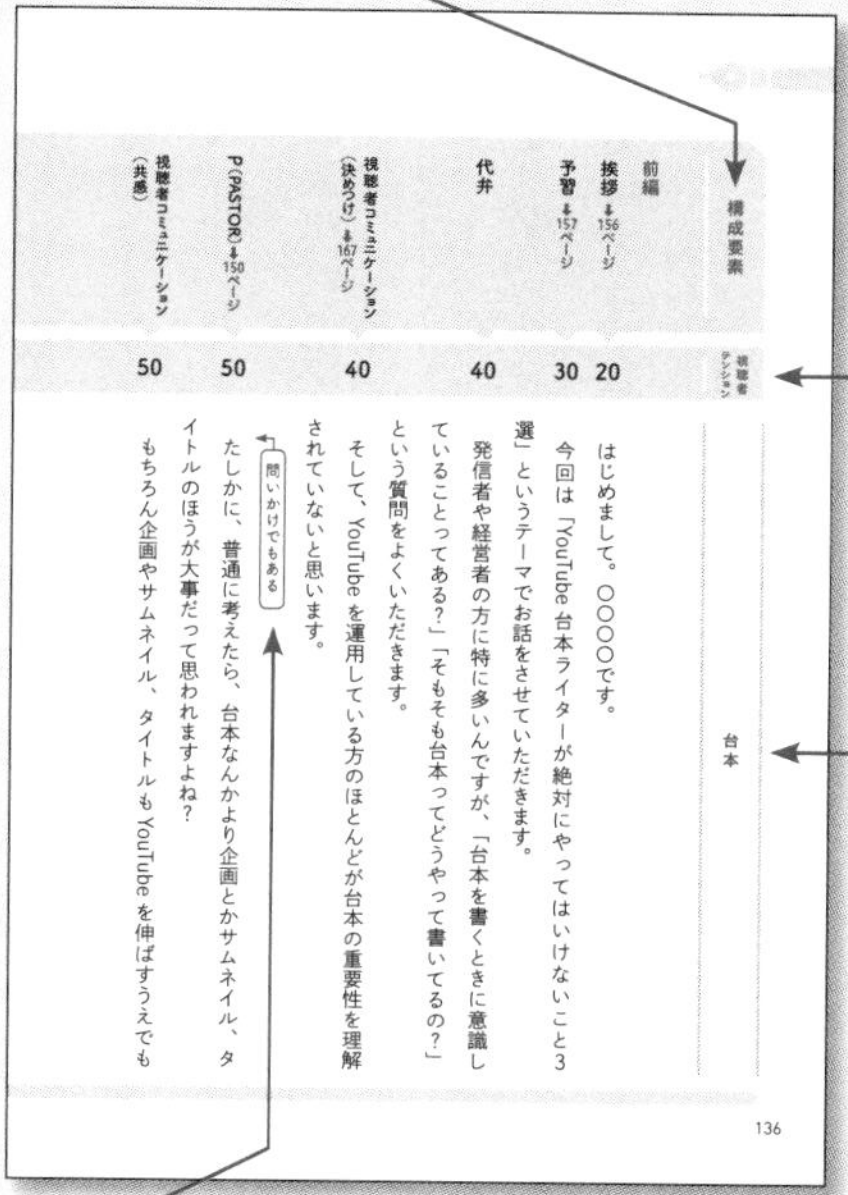

構成要素	視聴者テンション
前編 挨拶 ➡156ページ	20
予習 ➡157ページ	30
代弁	40
視聴者コミュニケーション（決めつけ）➡167ページ	40
P(PASTOR) ➡150ページ	50
視聴者コミュニケーション（共感）	50

台本

はじめまして。○○○○です。

今回は「YouTube台本ライターが絶対にやってはいけないこと3選」というテーマでお話をさせていただきます。

発信者や経営者の方に特に多いんですが、「台本を書くときに意識していることってある？」「そもそも台本ってどうやって書いてるの？」という質問をよくいただきます。

そして、YouTubeを運用している方のほとんどが台本の重要性を理解されていないと思います。

問いかけでもある
たしかに、普通に考えたら、台本なんかより企画とかサムネイル、タイトルのほうが大事だって思われますよね？

もちろん企画やサムネイル、タイトルもYouTubeを伸ばすうえでも

136

【制作者の意図】

そのセリフがもたらす構成要素＋「α」の効果。意図がわかると演者は表現しやすくなる

【台本】

演者になったつもりで台本を音読すると、より理解が深まる。その1文がどのような役割（構成要素）を担うかを意識する

構成要素	視聴者テンション
前編	
挨拶 ⬇156ページ	20
予習 ⬇157ページ	30
代弁	40
視聴者コミュニケーション（決めつけ）⬇167ページ	40
P（PASTOR）⬇150ページ	50
視聴者コミュニケーション（共感）	50

台本

はじめまして。〇〇〇〇です。

今回は「YouTube台本ライターが絶対にやってはいけないこと3選」というテーマでお話をさせていただきます。

発信者や経営者の方に特に多いんですが、「台本を書くときに意識していることってある？」「そもそも台本ってどうやって書いてるの？」という質問をよくいただきます。

そして、YouTubeを運用している方のほとんどが台本の重要性を理解されていないと思います。

問いかけでもある

たしかに、普通に考えたら、台本なんかより企画とかサムネイル、タイトルのほうが大事だって思われますよね？

もちろん企画やサムネイル、タイトルもYouTubeを伸ばすうえでものすごく大事で、私自身もかなりこだわっているポイントです。

60

機会損失していることを気づかせる

でも、せっかくそこまでは完璧にできているのに伸びるまであと一歩のところでチャンスを逃している方が非常に多いんです。

視聴者コミュニケーション（共感）

60

私も過去に、YouTubeを伸ばすために競合の企画やサムネイル、タイトルを一生懸命リサーチしたけど伸びなかったということが実際にありました。

A（PASTOR）

80

衝撃の事実でもある

実は、「台本の重要性を理解していない」ことこそがYouTubeが伸びない原因の1つだったんです。

80

逆にこれを知れば大丈夫だと伝える

もし私が今も台本の重要性を理解していなかったとしたら、一生YouTubeを伸ばすことはできなかったと思います。

80

安心感を与える

でも、安心してください。

S（PASTOR）	90	不安を取り除く 今回紹介する「YouTube 台本ライターが絶対にやってはいけないこと3選」をやらないようにするだけで台本が原因で YouTube が伸びないということは一切なくなります。
ベネフィットの提示 ⬇ 114ページ	100	それどころか同じ企画内容、サムネイルとタイトルであったとしてもなんと売上げもどんどん伸びていきます。
T（PASTOR）	90	実際に、台本制作者が変わっただけで売上げが100分の1に激減したというデータもあるぐらいなので、YouTube において台本を軽視してはいけないということがおわかりいただけると思います。
	90	ぜひ今回紹介することを理解していただいて、台本が原因で売上げを伸ばす機会を絶対に逃さないようにしていただきたいです。
O（PASTOR）	60	また、私は普段台本を切り口にして「いかにクライアントの売上げを伸ばし、利益を最大化させるか」について考えています。
	60	「YouTube を使ってもっと事業を成長させたいけど、あんまり伸びない」。そんな方の助けになりたいです。

50
私は、「台本を通して一緒に事業を成長させていけるYouTube台本ライター」。そんな大義名分を掲げて活動しています。

R（PASTOR）
40
どんな些細な悩みでも大丈夫なので、YouTube台本についてわからないことがあれば、ぜひお気軽に●●●●●@gmail.comまでご連絡ください。

本編

A（AREA）→163ページ
40
まずはYouTube台本ライターが絶対にやってはいけないこと1つめが「演者の過去動画を見ない」です。

R（AREA）
40
せっかく自分の時間を割いて採用したのに、普段話しているのとまったく違う内容や言い回しの台本が上がってきたら嫌ですよね。

E（AREA）
40
例えば、演者が女性の方で「○○なんだよね」「○○でさぁ」という言い回しを過去動画でよくしていたとします。

40
にも関わらず、「○○なんですよね」「○○でして」という言い回しの台本で納品してしまうと、せっかくの演者ならではの個性が消えてしまうことになります。

50　50　60　60 A（AREA）　50 A（AREA）　60 視聴者コミュニケーション（代弁）　60　60 R（AREA）

ここまで大げさではなかったとしても、言い回しが普段と少し違うだけで動画1本分それが積み重なるとそれは大きな違和感になります。

また、過去動画では「YouTubeを伸ばすには質が大事です」と言っているのに、「YouTubeを伸ばすにはとにかく量をこなしましょう」という真逆の考え方を台本に反映してしまうこともあります。

これらの、台本を書くうえでは許されない失敗を、演者の過去動画を見るだけで一発で防ぐことができるんです。

なので、演者の過去動画を見ずに台本を作るのは絶対にいけません。

次に、YouTube台本ライターが絶対にやってはいけないこと2つめが「型を無視して自己流で書く」です。

これを聞いて、「なんで自己流はダメなの?」「書き方にルールなんてないでしょ」と思われたかもしれません。

たしかに、書き方のルールは存在しませんが、それでも自己流でやってはいけない理由があるんです。

それは、受け取り手にうまく伝わらないからです。

E（AREA）		視聴者コミュニケーション（共感）	ベネフィットの提示		A（AREA）
70	70	70	70	70	80

問いかけでもある

文章を書いているときに、自分でも何を書いているのかわからなくなることありますよね。

自分で何を書いているのかわからないのに、受け取り手に伝わるわけがありません。自己流の書き方をしてしまうと、文の構成がぐちゃぐちゃになってしまいます。

その結果、何が言いたいのかまったくわからないような文章になってしまうんです。こんな状況、避けたいですよね。

ここだけの話、そうならないように助けてくれる文章の型というのがあります。その中でも、特に売上げを伸ばすことに特化した「PASTORフォーミュラ」というものが最もよく使われている型になります。

このPASTORフォーミュラを使うだけで、なんと視聴者のファン化とLINE登録などの行動喚起を同時に行うことができるんです。

型に沿って文章を書くだけで、台本で大きな失敗をすることはなくな

	A（AREA）	R（AREA）	E（AREA）	視聴者コミュニケーション（代弁）	視聴者コミュニケーション（共感）	
70	70	70	70	70	70	80

ります。

その上、売上げを最大化させる台本を書くことができるようになるので、僕は必ず自己流ではなく、型に沿って台本を書くようにしています。

そして最後、YouTube 台本ライターが絶対にやってはいけないこと3つめが「誤字・脱字のチェックをしない」です。

なぜ誤字・脱字のチェックをしないのがいけないのかというと、どんなにすごい YouTube 台本ライターでも必ず1つは誤字・脱字をしているからです。

もし誤字・脱字があれば、また修正して納品し直さなければならないので二度手間になってしまいます。

しかし、納品前にチェックをするだけでそれを簡単に防ぐことができるんです。ここで、「チェックをしたのに誤字・脱字が残ってしまっていた」という方もいると思います。

私も実際に、同じような経験を何度もしています。

でも、あることをするようになったおかげで、なんとチェック漏れを

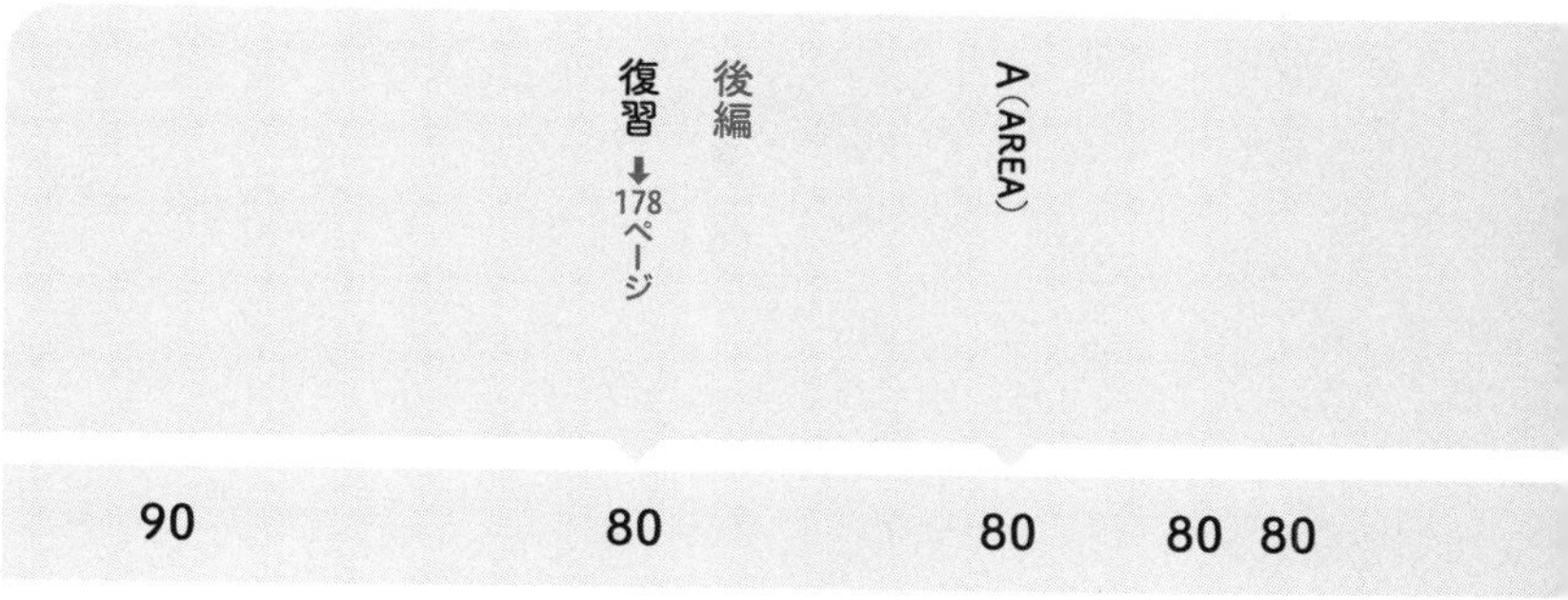

ゼロにすることができるようになりました。

それが何かというと、自分が書いた台本を音読することです。

実際に声に出して読むことによって、誤字・脱字をしていたときには必ず気づくことができます。

たったこれだけで初歩的なミスがなくなり、クライアントの信頼も勝ち取ることができるので私は必ず納品前に音読して誤字・脱字のチェックをしています。

今までYouTube台本ライターが絶対にやってはいけないこと3選

・演者の過去動画を見ない
・自己流の書き方にしてしまう
・誤字・脱字のチェックをしない

を紹介してきたんですけど、

私がYouTube台本ライターをやるうえでものすごく大事にしていることが1つだけあります。それを紹介する前に、

演者の感情（メッセージ）↓170ページ	70
演者の感情（メッセージ）	60
限定感↓121ページ	70
	50
	50
A（AREA）	50
R（AREA）	50

まずは、説明するために私がまったくチャンネルが伸びずに挫折しかけた過去についてお話しさせてください。

友達からは「底辺YouTuber」と馬鹿にされたり、親からも「遊んでないでバイトしなさい」と言われる。そんな自分が本当に嫌いでした。そんなまったくYouTubeが伸びないというつらい経験をしたからこそ、同じようにYouTubeが伸びずに悩んでいる方の手助けをしたい。そんな思いで、YouTubeを伸ばせる台本ライターとして活動しています。

そこで、毎月5名様限定で承っているのですが、ぜひ△△△様の台本を1本無料で書かせていただきたく思います。

もし可能であれば、●●●●●@gmail.comまでぜひお気軽にご連絡ください。

それでは、私がYouTube台本ライターをやるうえでものすごく大事にしていることを発表します。

それは何かというと、マーケティングを学ぶことです。

なぜなら、事業の全貌を台本ライターがしっかりと理解している必要

E（AREA）
A（AREA）

60 60 60 60 60 60 60

があるからです。

台本を書くうえで重要なのは「売上を伸ばす」ことであり、「再生数を伸ばす」ことではありません。

演者様の分身として、売上を伸ばすための文章を書くためには△△△様の事業はどこにマネタイズのポイントを置いているのか。

どういうふうに集客して、LTVを上げるためにどのような施策を行っているのか。

それらすべてを理解するためには、マーケティングを学ぶことが必要不可欠です。

私は、これこそが一般的な台本ライターと良い台本ライターの最も大きな違いであると考えています。

なので、私はこの「マーケティングを学ぶ」ということをYouTube台本ライターをやるうえでものすごく大事にしています。

ということで、今回は「YouTube台本ライターが絶対にやってはいけないこと3選」についてお話しさせていただきました。

今回の台本を通して、自分がYouTube台本ライターをやるうえで心がけていることや、台本の重要性を少しでも理解していただけたなら幸いです。

そして、もし私の台本が良いと思っていただけたならば、ぜひ私に貴チャンネルの台本作成をお任せいただきたく思います。

お忙しい中、最後までご覧いただきありがとうございました。

台本の基本の構成とPASTORフォーミュラ

台本の基本的な構成は前編・本編・後編の3パート

パートごとの割合に気をつけて時間配分しよう

台本の基本的な構成は次の通りです。

〈前編〉

❶挨拶
❷予習（動画を見ることで得られるベネフィットの提示）
❸前提知識の共有

❹回遊訴求（以降、随時入れられる部分に入れる）

〈**本編**〉

※前段として、視聴者が求めているものを確認して❶に入る

❶現状の理解（「皆さんはこれについて悩んでいますね」と視聴の目的を言う）

❷理想に到達するまでの問題点（「こういうことが課題になっているでしょう」と共感する）

❸乗り越えた先にある未来の提示（「こんな素晴らしい未来が待っています」など）

❹解決策の提示・悩みに対する手段（「実はこんな解決策があります」など）

〈**後編**〉

❶ＣＴＡ①　チャンネル登録の呼びかけ

❷理想の未来に辿り着くための手段・方法と理由を再度提示

❸それを叶えるための環境・サービスを伝える

シナリオの配分

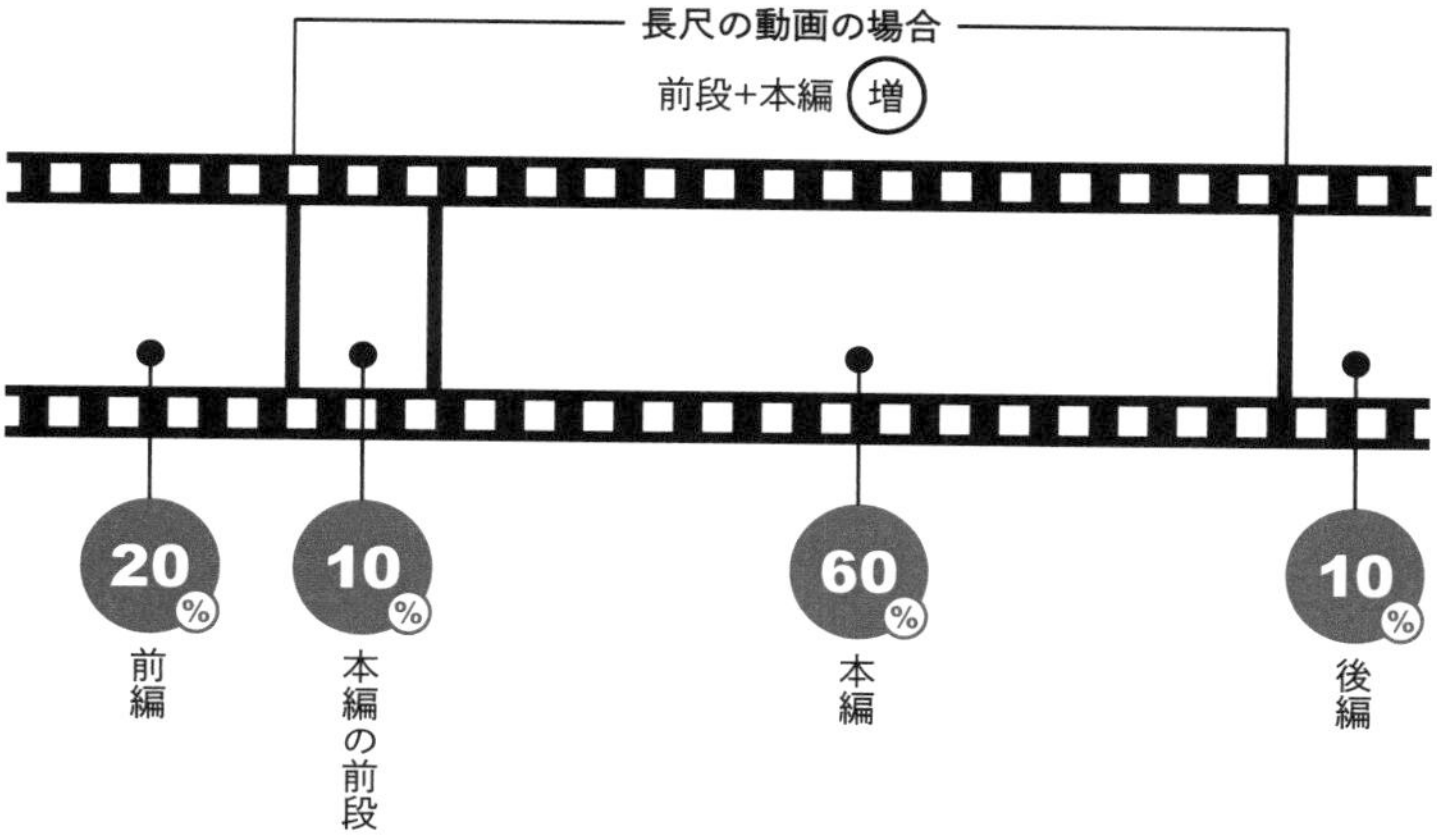

❹後押しのメッセージ（「これだけは大事なので覚えておいてください」など）
❺CTA② LINE友だち追加の呼びかけ
❻今後の動画の予告

もし動画が10分ならば、最初の7秒までに挨拶と自己紹介。前編を1分以内で終わらせ、本編の前段に入ります。本編は5～6分ぐらい。後編は飛ばされることが多いので、30秒程度で終わらせるようにしましょう。

割合は、上の図の通りです。尺が長くなったら前段か本編が増えます。

視聴者に寄り添い、自然に購入につなげるYouTubeにおいて最適な形式とは

サンプル台本には、前編部分に【PASTORフォーミュラ】という形式が使われています。

PASTORフォーミュラとは、YouTubeの動画において、最も視聴者に伝わりやすいとされる形式です。もちろん、LPやDMなどのセールスライティングにおいても使うことができます。

PASTORとは「羊飼い」という意味。羊飼いが羊を世話するかのごとく、ユーザーに対して面倒見よく接するという技術です。

それぞれ、詳しく見ていきましょう。

P：Problem（問題）、Person（人物）、Pain（痛み）

商品やサービスのセールスにおいて、いきなり売りたいものについて喋ってはいけません。**まずはユーザーの人物像に迫りつつ、「こんなことに困っていませんか？」**

と悩みを取り上げ、問題点を明らかにします。そのためには、

- どういうターゲットにどんなメッセージを伝えたいのか？
- ターゲットのどんな困りごとを解決したいのか？
- その困りごとはどんな苦痛を生み出しているのか？

これらが明らかになるまで、リサーチをする必要があります。

A：Aspiration（憧れ・共感）、Amplify（増幅）

「増幅」においては、【P】で明確化した困りごとを放置した場合のデメリットを強調します。デメリットは、金銭的コストや時間的コストなど具体的に例示するとよいでしょう。

「共感」においては、演者が「実は自分もそうでした」「同じことに悩んでいました」というエピソードを提示し、ユーザーの共感を引き出して親近感や信頼感を高めます。

「憧れ」では、困りごとを解決した理想像を提示します。商品・サービスを購入すると訪れる幸福な未来を描きます。

S：Story（物語）、Solution（解決策）、System（システム）

この**Sが、PASTORフォーミュラで最も重要なパート**です。

「物語」は、演者でもユーザーでも誰でも構いません。「困難にぶつかり、解決するために奮闘するが結果が出ない。しかし諦めずに解決策を探し続けたところ、救世主が見つかった。その救世主により問題が解決し、素晴らしいシステムを構築できた」というストーリーを提示します。

言うまでもなく、その【**救世主**】が売りたい商品・サービスです。

T：Testimony（証言）、Transformation（変身）

困りごとを解決した先に、どんな画期的な変化・変身が訪れるかを描写します。

同時に「証言」として、【**推薦の声**】もここで登場させます。推薦の声とは、商品やサービスを使って画期的な変化を達成した人々の体験談のことです。

O：Offer（オファー）

ここで初めて商品・サービスを提示します。

オファーの内容は、商品の詳細や利点、販売条件などですが、核となるのは「**価格**」「**特典**」「**保証**」の3つ。この3要素は忘れずに入れるようにしましょう。

R：Response（行動）

最後に、ユーザーが購入に向けて行動を起こすようなメッセージを送ります。

「今回だけの特典です」「商品の数に限りがあります」という表現で、「申し込まないと損をしてしまう」とユーザーに思わせます。

このように、PASTORフォーミュラを使うと自然な流れで商品・サービスの購入へとつなげることができるのです。

視聴者の痛みをつかみ取り、増幅させて動画に引き込む

なぜＰＡＳＴＯＲフォーミュラがYouTubeに向いているかと言うと、**YouTubeは視聴者とコミュニケーションを取ることが前提になっているメディアだから**です。ＰＡＳＴＯＲフォーミュラは、問題提起から痛みの増幅、共感など、視聴者に寄り添うポイントがたくさん出てきます。そこが、YouTubeというメディアに向いているうえ、視聴者にも伝わりやすいのです。

ＰＡＳＴＯＲフォーミュラはセールスライティング全般に使えるテクニックですが、個人的には動画で使ってこそ威力を発揮できると感じます。

ＰＡＳＴＯＲフォーミュラの中でも私が大切にしているのは、**Amplify（増幅）**です。増幅とは、視聴者の痛みを見つけ、それを増幅・強調すること。痛みを言語化することで、「私のための動画だ」と感じ、最後まで視聴してくれるようになります。しかし、視聴者の痛みを想像できず、増幅・強調しきれていない動画がとても多いよう

に感じています。

視聴者の痛みの見つけ方は、第2章で述べた「ほしい」をつかむ技術を使いましょう。具体的には、検索のサジェスト欄を見たり、Yahoo! 知恵袋を参考にしたりします。

136ページのサンプル台本は、企業の経営者を対象にしています。経営者というのは、時間を大切にしています。時間あたりの金銭感覚がサラリーマンとはまったく違ううえに、ものすごくシビア。「1時間を投資すると、どの程度の売上げにつながるのか？」ということを、常に考えています。

そういう人たちに「お金と時間をドブに捨てました」「数十時間も費やしたのになんの成果にもつながらず、負の遺産ができてしまいました」と強調すると、ドキッとさせることができるわけです。しかも「台本がないことで、演者の不要なセリフがきっかけで炎上したら……」などと、〝起こりうる最悪の未来〟をこちらで深掘りしたら、経営者としてもどんどん引き込まれてしまうでしょう。

視聴者の問題点や痛みをしっかりとリサーチし、台本に落として込んでいく力が求められる部分です。

前編
信頼残高を意識して話を展開する

親しみやすい挨拶で心をつかみ、有益な情報で演者への信頼を高めていく

キャッチーな挨拶で、視聴者に演者を印象づけしよう

前編のポイントの一つが**【キャッチーな挨拶】**です。

動画には、視聴者の頭に残るようなキャッチーな挨拶を入れるようにします。理由の一つはブランディングです。**「この人といえばこの挨拶」というような印象づけと、自己開示を兼ねて定番化させます**。

また、決まった挨拶を動画に組み込むことで、視聴者のファン化やコメント欄への書き込みも促します。

挨拶はすでに決まっていたり、クライアントから指定されていたりすることが多いですが、もしゼロから作る場合は、**聞いたときにストレスがないことを意識してください**。

違和感がないこと、変ではないこと、嫌な印象を持たれないことが重要です。そのうえで、頭の中に残って面白い挨拶ならばベターです。

長い挨拶はそれだけでストレスなので気をつけましょう。

私が調べたところでは、挨拶に7秒以上かけている人はほとんどいませんでした。7秒が限界ラインと言えるでしょう。7秒以内であれば、簡単なキャッチコピーを入れても構いません。

挨拶の後に、動画を見たことで得られるベネフィットとゴールを提示する【予習】が入ります。

人間は「わからないまま何かが続く」というのがストレスであり、怖いもの。動画の全体像を示し、「今日の動画ではここまで、こういうことを話します」というゴールをはっきりさせて視聴者のストレスを軽減します。

現代ではライバルとなるコンテンツがものすごく多いので、動画を通して得られるベネフィットを訴えなければ、すぐに飛ばされてしまうので気をつけましょう。

その次に、**【前提知識の共有】**へと進んでいきます。サンプル台本では、「台本の重要性に当たる部分」です。

前提知識の共有とは、話題となることを取り上げる前に知っておかないといけないことやこれだけは視聴者に押さえておいてほしいことを共有し、**「知らないからわからない・ついていけない」という理由による離脱を防ぐのが目的**です。

前提知識としてであれば、過去動画で話した内容を再度話しても構いません。知識度の低い視聴者に合わせてフォローします。

信頼残高を利用して視聴者にチャンネルを回遊させる

次に**【回遊訴求】**についてお話します。

回遊訴求とは、前述した通り、同じチャンネルの別の動画も見るように案内をすることです。**回遊訴求は、1つの動画に1〜2回ほど、入れられる部分に入れます。**

YouTubeやTikTokは、動画1本だけで勝負するものではなく、チャンネル全体で視聴者の信頼を得るものです。そのためには、過去の動画もしっかりと見てもらわなければなりません。

他の動画も見ることでチャンネルとの接触回数が増え、視聴者の中で信頼感が増すという効果があります。また「演者のおすすめに従った」というサンクコストも発生します。さらに、同じ属性の視聴者が複数の動画を見るため、チャンネルの方向性をYouTubeのアルゴリズムが理解するというメリットもあります。

信頼残高が貯まる＝視聴者が行動しやすくなる

動画において私が意識しているのは**【信頼残高】**です。

人と人の信頼も、銀行残高のように貯めておくことができるという考え方で、信頼残高が高い相手であれば、必要なときに力を貸してくれます。

動画でもこの考え方を応用します。動画で有益な情報を話すほど、視聴者に「この人は信頼できるな」という信頼残高が貯まっていくものです。

一方で、信頼残高が貯まっていない動画の前半で「ＬＩＮＥの友だち追加してください ね」と声をかけても、視聴者はなかなか動いてくれないでしょう。

その意味では回遊訴求も最後に持ってくるべきなのですが、「〇〇してください」という行動喚起の数が多くなると視聴者はついて来られないので、最後は最も大事なＬＩＮＥの友だち追加に絞りたいという狙いがあるのです。

ただし、回遊訴求をしたとしても、実際に視聴者が動画を見なくても構わないと考えています。

サムネイルを出すだけで接触回数が増えますし、以前も同じテーマで話をしていたとわかれば信頼感も高まるでしょう。チャンネル全体を理解してもらえますし、ふとした瞬間に「そういえば、前に言っていた動画はあれだったかな」と思い起こさせるぶんには十分です。

本編① 心をつかんで離さないAREAの法則

視聴者の予想や常識の逆張りをして「？」を生み出し
論理的に説明してたたみかける

LINE友だち追加は最後がベスト

本編では、本題に入る前の前段として、視聴者が求めているものをまずしっかりと確認することが大切です。「皆さんは今どんな課題を抱えていて、何が悩みなのかを私はよくわかっています」ということを強調するようにしましょう。

本編は長いぶん、どうしても他の部分よりも長くなりダレてしまいがちです。

淡々と情報を流すだけでなく、視聴者の顕在的な「ほしい」と潜在的な「ほしい」

を濃縮して話すような工夫も求められます。「寝る前に食べると痩せる食べ物3つ」というテーマの場合、食べ物を3つ紹介するだけでは単調です。「寝る前に食べてはダメな食べ物」「寝る前に飲むと痩せる飲み物」など、視聴者が興味を示しそうな情報を盛り込むことも必要です。

LINEやSNSのアカウント、Webサイトなど外部リンクに誘導したい場合、話の途中に「詳しくはLINEの友だち追加から」などと案内を入れても問題ありませんが、うるさくならない程度にしておいたほうがよいです。

途中でそうした〝CM〟を入れてもいいのですが、入れれば入れるほど目的意識の低い人たちが外部リンクに流れてきます。

商品やサービスについて理解してくれた視聴者（＝教育ができた視聴者）というのは、最後まで動画を観てくれた人たちです。そういう人にものを売りたい場合、やはり動画の最後にLINEの友だち追加を呼びかけるのがベストです。

視聴者に興味を持たせ、話に説得力を持たせる AREAの法則

それでは、本編の構成で使われている**【AREA（エリア）の法則】**について説明します。

AREAの法則とは、話に説得力を持たせるための方法論のこと。特に、**知識や情報の説明に向いています**。「A」「R」「E」「A」の順序に話を組み立てることで、論理が通った伝え方をすることができます。

A：Assertion（主張）

主張や結論（＝話のゴール）を先に提示します。

ここでは、視聴者の想像を超える衝撃の結論を指します。衝撃の結論というと抽象的かもしれませんが、視聴者の興味を惹くような話題・タイトルです。視聴者の予想や常識の逆張りと言ってもいいかもしれません。

R：Reason（理由）

次に、なぜそう考えるかという理由を述べます。【A】の部分で視聴者の頭に「?」が生まれているので、理由を話すことで「確かにな!」と納得させます。

ここでは、専門用語を使わずにわかりやすく説明することが求められます。

E：Evidence（根拠）、Example（例示）

理由の根拠や例を挙げます。これは、説得力を持たせるための裏付けになります。視聴者の生活にある身近なものや、視聴者が知っている情報とリンクさせて説明するとよいでしょう。**視聴者の脳内に映像が浮かぶぐらい具体的な例を描く**ようにします。

ポイントとしては、これまでに何度もお伝えしていますが、対象としている視聴者の言葉や視聴者の実感に近いものを使うということです。

50代の女性に「蛙化現象」と言っても、パッとイメージできず、なかなかピンと来ないかもしれません。それよりも、90年代前半に流行っていたもの・ことでみんながイメージできるワードを使ったほうが、「ああ、あれね」となるものです。

A：Assertion（再主張）

最後にもう一度、伝えたいことを繰り返して相手にアピールします。

私の場合、**同じ文言をそのままリピートするのではなく、多少言い換えたり要約したりして変化を持たせます**。

他の方が書いた台本を読んでいると、「こういう根拠があるからこう主張しよう」と、【R（理由）】の部分をしっかりと作り込んでから【A（主張）】を書き始める人が多いです。

しかしこれだと、主張にまったく意外性がなく、面白いものにならなくなってしまいます。プレゼンならそれでもいいかもしれませんが、皆さんが作らなければいけないのは**YouTubeの台本ですから、視聴者の興味を惹くことが最優先**。「どうしたら視聴者は面白いと思ってくれるのか？」と、視聴者を意識しながら書く必要があります。

多少は〝釣り〟になるところもあるかもしれませんが、それでもいかに説得力を持たせるかは台本の質にかかってきます。データを根拠に持ってくる場合でも、自分に都合よく解釈することはできますから、そこで主張に結びつけられるよう、言い換えや要約などの工夫してみましょう。

AREAの法則と、**【結論↓理由↓具体例↓結論】**の流れで相手に話を伝えるPREP法と何が違うのか?と疑問に思う方もいるかもしれません。

基本的には同じなのですが、私の場合は文章を書くならばPREP法、YouTubeの台本はAREAの法則と区別をしています。

なお、似たような手法に**【CREMA（クレマ）の法則】**というものもあります。

これは、**実践してもらうときの説明に向いている方法論**です。

構成は**【結論↓理由↓証拠↓手段↓行動】**というもので、AREAの法則のEの部分までは同じです。証拠を提示した後に、視聴者がどうすれば結論で示した内容が達成するかを説明する**【手段】**と、メリットを示して行動を促す**【行動】**というプロセスが加わるという違いがあります。

目的に応じて使い分けるようにしましょう。

本編② 視聴者とコミュニケーションを取る

まるで対話しているような親密感を醸し出し、視聴者に特別感を与える

共感を示したり、問いかけをしたりして感情のキャッチボールをしよう

本編における「視聴者コミュニケーション」についてお話しします。

YouTubeにおける視聴者コミュニケーションとは、視聴者が「この演者は私のために話をしてくれているんだ」と思うような、**親近感や特別感を与えること**です。まるで1対1で話しているような空間を作れるのが特徴です。

視聴者コミュニケーションの要素としては、次の4つが挙げられます。

①共感

演者も同じ気持ちであると自己開示します。「うんうん」と視聴者から返信が来るイメージです。

例）マスクを着けるの本当に面倒ですよね。息苦しいし、暑いし。

②決めつけ

視聴者の心を見透かします。しかし「○○と考えていましたよね？」と言い当てるような言い回しは避けましょう。

例）実はコロナにかからない方法が一つだけあるんです。うん、そうですよね、気になりますよね。

③代弁

演者が自分の意見であるように主張し、視聴者の気持ちを代弁します。視聴者から「そうだそうだ！」と返信が来るイメージです。

例）まったく意味がないのにマスクを配るなんて、政府は何をしているんですかね。

④問いかけ

視聴者に問いかけをします。ただし、連発しないようにしてください。問いかけを連発すると視聴者に考えさせるプロセスが発生し、視聴する負荷がかかったり集中が途切れたりします。

例）今年からやっと海外旅行に行けるようになりましたね。皆さんはどこに行きたいですか？

サンプル台本だと、「こういう質問、よくいただきます」「たしかに〜だと思われますよね？」という部分が視聴者コミュニケーションに当たります。

「私は視聴者のことをよく理解しています」と伝えるのが大切で、理解したうえで寄り添い、共感する。そして問いかけることで、感情のキャッチボールが生まれます。

視聴者コミュニケーションは、前編、本編、後編それぞれ1回以上入れるようにします。最低でも130文字は割くようにしましょう。

本編③ 演者の感情を織り交ぜる

ロジックだけでは視聴者は動かない！ 演者の〝熱〟でアクションを促す

個人的な経験や喜怒哀楽の感情を入れて、演者の想いを伝える

演者の感情とは、演者の意見や想い、メッセージ、感情を入れることで視聴者に親近感と〝熱〟を感じてもらうパートです。

これまで、視聴者をロジカルに説得する手法を説明してきました。しかし、それだけでは非常に冷たく、無機質に感じられてしまいます。**冷たい発信では視聴者の心は動きません**。パッションを感じさせるよう、演者の意見、メッセージ、感情を織り交ぜる必要があります。

発信する要素は次の3つです。

①意見

演者の意見です。ただし、あまりに断定的すぎると視聴者の離脱を招いてしまいます。やんわりとした形で表明し、さらに演者の個人的な経験を入れるのがポイントです。

例）食事制限で短期間にダイエットしてもいいですが、やっぱりリバウンドしますよね。本当の痩せ体質は、やはり長期的に獲得するしかないですよね。

②メッセージ

熱を込めて演者の思いを伝えます。演者の過去のエピソードを使うと簡単です。

例）体型のせいで、着たいお洋服が着られない、昔の服が入らないという悲しい思いはもうしたくないですよね。女性は少し痩せるだけで、見違えるほどキレイになります。自信がつくからです。皆さんには、自信がなくて恋愛も仕事も億劫《おっくう》になるような人生を送ってほしくありません。

③感情

「悲しい」「うれしい」といった、単純な喜怒哀楽の感情を表します。

例）私の発信を通して、「自分の体って大事なんだ」と思ってくれるとうれしいです。

演者の感情は、基本的には**視聴者にアクションしてほしいところで使います**。特に、動画を見てもらいたいというメッセージを発信する前編と、チャンネル登録やＬＩＮＥ友だち追加を促す後編などに入れる場合が多いです。長くなると視聴者のストレスになりますので、前後の文章に対して1割程度にとどめるようにしましょう。

演者の感情が大切な理由として、**視聴者が離れていくのを防ぐ**という点が挙げられます。

YouTube の構造として、**発信した動画は【濃い層（顕在層）】から【薄い層（潜在層）】に広がっていくという特徴があります**。

YouTubeの基本構造

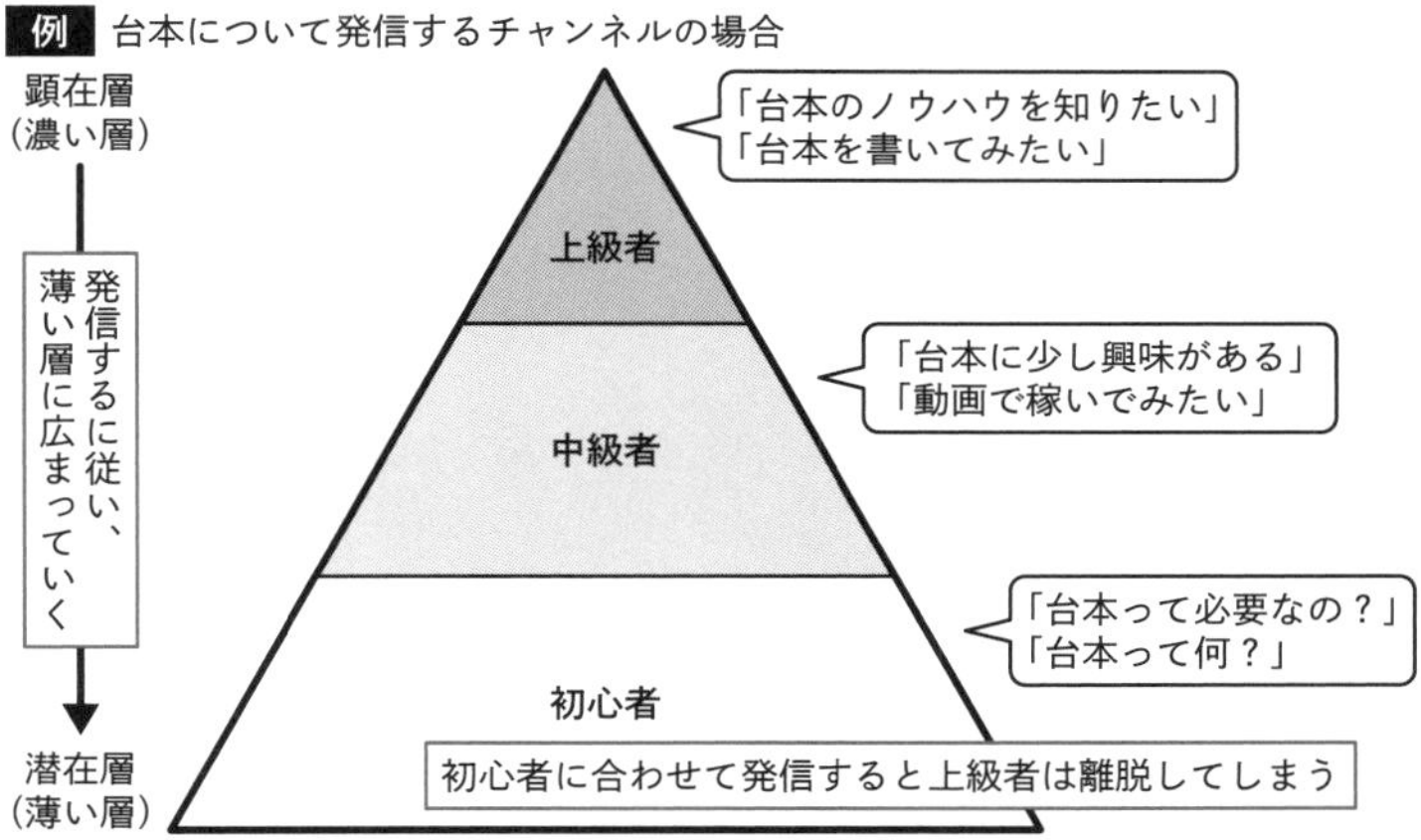
例 台本について発信するチャンネルの場合
顕在層（濃い層）
発信するに従い、薄い層に広まっていく
潜在層（薄い層）
上級者
中級者
初心者
「台本のノウハウを知りたい」
「台本を書いてみたい」
「台本に少し興味がある」
「動画で稼いでみたい」
「台本って必要なの？」
「台本って何？」
初心者に合わせて発信すると上級者は離脱してしまう

濃い層というのは、例えば動画の台本について発信するチャンネルの場合、「YouTubeの台本を書くときのノウハウを知りたい層」、薄い層というのは「そもそもYouTubeの動画に台本って必要なの？」という層です。

潜在層に動画が広がっていったとき、視聴者における初心者の割合が高まります。チャンネルでは自然と初心者に合わせて情報を発信するようになるわけですが、そうすると最初に観に来ていた台本のノウハウを知りたい濃い層は、「情報が薄まってしまった」と離脱してしまいがちなのです。

濃い層が離脱していくにつれ、だんだんと平均再生数が減る可能性があります。このリスクを減らすには、「演者のことが好き」「この人ならば観続けてもいい」という**属人的な要素を増やすことが大切です**。例えば「声が好き、テンポが良くて心地よいな」と思わせ、内容よりも演者の動画を見ている時間に価値があると感じさせるのも手です。また、考え方や解釈の仕方に共感できるというのも重要です。

つまり**「演者のファン化」が、視聴者が離れるのを防ぐ**ということにつながるのです。

視聴者をもっと夢中にさせる「話の強弱」テクニック

このワードを使えば間違いない！「脳死で使える」ワード集

「実は……」「本当は……」などで視聴者の集中を高めることが大事

YouTubeの動画が、もし学校の授業のように淡々としたものだったら、視聴者はすぐに見るのをやめてしまうでしょう。

離脱を防ぐためには、「実は……」「本当は……」という言葉で視聴者を話に集中させたり、「もし○○だったら、△△だと思いませんか？」とイメージをさせたりと、話に強弱をつける必要があります。

話（セリフ）にメリハリをつけるワードには、主に次の種類があります。

❶後ろの語句を引き立てる強調の言葉

❷オノマトペ

オノマトペとは、物事の状態や動きを音で表現した言葉のこと。実際に音や声のあるものを表した「擬音語」（例：ワンワン、カタカタ）、視覚などから感じ取れる様子や心情を表した「擬態語」（例：キラキラ、じわじわ）の両方が含まれます。

次のページに、私自身もよく使う言葉をまとめたワード集を載せています。私はこのリストを「脳死で使えるワード集」と呼んでいます。「脳死で」とは、よくゲームなどで、何も考えずに淡々とプレイしていれば攻略できる状態を指しますが、それと同様に、〝何も考えずに〟このワードを使っておけば、視聴者を惹きつけることができるという意味です。ぜひ積極的に使ってみてください。

脳死で使えるワード集

❶強調

目的 後ろの語句を引き立てる

ワード	効果
間違いなく	言い切り
実は	集中させる
実際に	信憑性
100%とは言いませんが	信憑性＋両面提示
もし〜〜だったら	イメージさせる
ところで	話の切り替え
じゃあ	次に進む後押し
○○だけしかない	限定感の強調
非常に	異常さ
特別な	独自性
紛れもなく	特定性
衝撃の	圧迫性

❷オノマトペ

目的 臨場感を作り出す

ワード	例文
ガンガン	ガンガン使ってください
ゾクゾク	ゾクゾクしませんか？
さっぱり	さっぱりわかりませんよね？
ハラハラ	ハラハラした
がっかり	がっかりしないように
ソワソワ	ソワソワしませんか？
ワクワク	ワクワクしますよね？
グングン	グングン伸びます
あたふた	あたふたしないでください

後編
内容を復習して満足度を高める

動画の内容を端的にまとめて視聴者に「見てよかった」と思わせる

終わりを感じさせるワードは視聴をストップさせてしまうのでNG

ここからは動画の後編です。

動画のまとめとして【復習】を入れることで、視聴者の満足度を高めるようにします。

復習とは、**本編の内容を整理して提示すること**です。内容をまとめ、重要な箇所を端的に伝えることで、満足度を最も高いところまで持っていくようにします。視聴者に「最後まで見てよかった」と思ってもらえる工夫の一つです。

ポイントは、復習感を出さないということ。

- まとめると……
- おさらいすると……
- ということで……
- 以上で今日の動画、これを大事にして終わりたいと思います

など、**終わりを感じさせる言葉は極力入れないようにする**のが私のこだわりです。
なぜなら、視聴者は終わりを感じる言葉が使われたタイミングで「これ以上新しい情報は出てこないな」と試聴をやめてしまうからです。

今は、視聴者の貴重な時間をいかに奪うかを競う時代です。
YouTubeで動画配信をしている身としては、できるだけ自分のチャンネル、動画

に滞在させることが〝ゲームの勝ち〟であり、アルゴリズムに評価させなければならない切実な事情があります。

一つの動画を１００人に視聴してもらう場合、1分間で80人が離脱する場合と、50人が最後まで視聴してくれた場合、後者のほうが滞在率を評価され、広告収益が上がります。

そんな中で、視聴をストップさせてしまう言葉は極力使いたくはないのです。

「視聴者の時間を奪う」と言うと失礼に感じるかもしれませんが、やはり〝奪っていく〟という気持ちで台本を書いてほしいと考えています。

人間は自分の行動を正当化したい生き物ですので、「好きだから時間を使った」のではなく「時間を使ったから自分はこれが好きだ」と思いたいものです。だから、積極的に視聴者の時間を奪うようにしましょう。

サンプル台本では、「今までYouTube台本ライターが絶対にやってはいけないこと3選（中略）を紹介してきたんですけど、（中略）**私がYouTube台本ライターをやる**

うえでものすごく大事にしていることが1つだけあります。」と、復習を入れつつ「まだあるよ」ということを強調しています。このような自然な復習がおすすめです。

台本はこの後、限定感の訴求（121ページ）、お手軽感の演出（120ページ）、CTA（113ページ）を行い、最後におまけとして「学ぶことが大事」という演者のメッセージを入れています。

動画の最初に個人的なメッセージを入れても、誰も耳を貸してくれません。メッセージを入れるならば、視聴者に「この人の情報は要点が押さえられているし、有益だな」と信頼残高が貯まった動画の最後に置くのがポイントです。

納品する前に台本を自己添削する

不要な部分はないか？　聞き苦しくないか？　徹底的に確認して台本の質を上げる

音読をすると、聞き手にストレスを与えていないかが発見できる

それでは、台本を書き終えた後に自分で添削する方法についてお伝えします。

台本を書く仕事は基本的にクライアントワークですので、**企画と内容が一致しているか**、**誤字脱字はないか**、**演者の口調が統一されているか**という最低限の確認を自分で行う必要があります。

これらを確認する作業として、最も適しているのが【音読】です。納品前に必ず自

分で台本を音読するように心がけてください。

音読すると、

- 書き言葉では違和感がないのに、口に出すと言いにくい言葉はないか
- 接続詞や助詞、母音などが重なっていないか
- 聞き心地が良いか、聞いていてストレスが溜まらないか

などをすぐに発見することができます。

例えば、「実は今日は大切なお知らせがあるんですよ。しかも皆さんにも影響する内容なので、最後まで聞いてほしいんですよ。」と台本を書いたとします。

音読してみると、「実は」と「今日は」の助詞が重なっていて、少し読みにくいですよね。また、語尾も「〜んですよ」と重なっていて、聞き心地が良くありません。

そこで、次のように変更してみます。

修正前
「実は今日は大切なお知らせがあるんですよ。
しかも皆さんにも影響する内容なので、最後まで聞いてほしいんですよ。」
↓音読
修正後
「実は今日、大切なお知らせがあります。
しかも、皆さんにも影響する内容なので、最後まで聞いてほしいです！」

修正したことで、演者は読みやすく、視聴者は聞き取りやすくなりました。

読み上げるのにストレスがかかる台本というのは、演者にとても負担がかかります。読みにくいと演者の声のトーンが変わってしまいますし、撮影に対するテンションも多少下がってしまうこともあります。噛んでしまえば当然リテイクとなり、撮影時間も工数も増えてしまいます。

演者の気持ちをくみ取れる台本制作者は貴重です。演者のスピードに合わせて読めればベストですね。

もう一つ、添削するときに心がけてほしいのは、**不要な部分をできるだけ削り取る**ということです。

台本の中に、

- 冗長な表現を使っていないか？
- 同じような表現を繰り返していないか？
- 2つの文章を一文にまとめられないか？
- 「ということで」「今回は」など、不要な単語はないか？
- 省略できる主語はないか？
- テロップで表現できる部分はないか？

などを徹底して探し出します。

動画の編集者に、テロップで表現できる部分をまとめて指示書を渡せるライターは

「手放したくない！」とクライアントは思うでしょう。

最初に必要な情報を詰め込み、後から削っていく

台本や動画というのは、テーマによって適正な尺というものがあります。

きちんとした構成・添削を経て完成されたうえで動画の尺が10分になったのであれば、それは10分が適正なのです。無理に増やす必要はないし、無理に削る必要もありません。

しかし、この〝きちんとした構成・添削〟がされておらず、いたずらに長かったり極端に短かったりする台本も多いので、目安として動画の尺が設定されているのが一般的です。

前述したように、現在は20分尺の動画が一般的です。

それは、多くの視聴者が「お風呂に入りながら見たい」「家事をしながら見たい」と、この尺を好んで観ているからです。一方で隙間時間に見たいという視聴者もいて、

5～10分程度の短尺の動画もあります。どちらにするかは、チャンネルの編集者が考えることです。

動画ライターは、編集者が決めた尺になるよう台本を作るわけですが、**最初は情報を詰め込んで、後から削る・短くする**ようにしてください。

削った結果、尺が短くなってしまう場合は情報量を足さなければなりませんが、これは視聴者が興味のある情報に限ります。もし良い情報が出てこないならば、短いままでもいいのです。

動画ライティングの仕事は文字単価で報酬が発生するので、文字数を削ると当然ながらギャラも少なくなります。

しかし、目先のギャラを取るのか、より良いものを作って信頼を勝ち取ることで、文字単価が上がったり、継続して案件を発注してもらったりするという将来の投資を取るのか、ぜひ考えていただきたいところです。

長い動画も怖くない！長尺動画ライティングのコツ

動画の価値が高くなる情報を入れて尺を長くするのが理想

必要な情報を増やして肉付けし、尺を長くする

それでは、20分以上の長尺動画を書く際はどうすべきでしょうか。

基本的に、**情報を増やしていくほど尺が長くなります**。しかし、前述したように不要な情報は意味がありませんので、本当に必要な情報のみを入れることが求められます。

例えば「台本ライターが絶対にやってはいけないこと3選」という動画において、「台本ライターがやったほうがいいこと」という〝オマケ〟を入れたとしたら、視聴

者は絶対に喜ぶはずです。動画のターゲットが台本ライターを目指す人ならば「やったほうがいいこと」にも興味がありますので、その情報を発信すれば期待値を上回ることができます。

これは、単なる引き延ばしではなく動画の価値が高くなる行為ですので、尺を長くする理由があります。必要な情報ですし、この要領で動画の尺を延ばしていけばよいです。

また本編を説明する中で、「良い台本にはサムネイルが大事です。サムネイルがなぜ大事かというと……」などと、オマケ（前提知識の共有）を増やして肉付けしていくことがあります。**良いオマケをつけると動画としての価値が高くなりますし、「ここまでいい情報をくれるのか！」と視聴者の期待値を上回れば感謝もされます**ので、動画の尺を延ばしたいならおすすめです。

しかしオマケはオマケなので、全体の5割を超えないようにしましょう。

視聴者がダレないよう、緊張と緩和を生み出そう

長尺動画で気をつけたい点は、視聴者に常にゴールを提示しておくということです。たびたびお話してきたように、人は先が見えない状態をストレスに感じるもの。セリフの中で「1つめは……、2つめは……」や「あと3つです」というように、**常に全体量と現在地を示しておくようにしましょう**。

もし「◯◯ランキングTOP5」であれば、3つめの紹介の前に「皆さん、こういうことは気をつけていますか?」「3つめは皆さんが間違えることなんですが……」というセリフを入れて**【緊張】**を生み出します。5つめを発表するときも「この5つめ、とんでもないです!」というような前振りを入れてあげるようにします。

動画が長くなればなるほどダレてしまうのは仕方ありません。そこで**【緊張】と【緩和】というリズムを生み出すことで、全体を引き締めるようにします**。

前振りはあくまでも前振りなので、まったく違う話にならないように気をつけてください。あくまでも「この先をもっと観たい！」と思わせるような、導入効果があるようなセリフであることを意識するようにしましょう。

「これを守らなかった人はこんなことがありました」「この5つめを実践した人はこんな効果がありました」というように、エピソードを交えるのも効果的です。

クライアントに納品する最終チェックリスト

自己添削した後に最終確認！ 台本としての完成度を高めよう

表記ゆれから台本の狙いまで、細かくチェックする

それでは最後に、台本を提出する前の最終チェックについてお話ししておきましょう。

音読を含めて自己添削をして、最後に次のページの点に気をつけてチェックを行います。

台本チェックシート

Level 1：提出物としてのクオリティ確認

□前置詞・接続詞などは適切ですか？
□誤字脱字はありませんか？
□主語の入れ替わりはありませんか？

Level 2：台本の構造を確認

□文章の長さは適切ですか？（一文は100文字以内が目安）
□同じ語尾が続いていませんか？　母音の重なりはありませんか？
□用字用語は統一されていますか？
□自然なLINE誘導は2回以上ありますか？
□過去動画への自然な誘導は1回以上ありますか？
□ベネフィットの提示はできていますか？
□CTAはできていますか？

Level 3：台本の完成度を高める

□出演者の権威性は保たれていますか？
□ターゲットの中にある言葉で説明ができていますか？
□ターゲットにとって難しい言葉・専門用語を使っていませんか？
↓もし使っている場合は適切な例えや説明ができていますか？
□例え話はターゲットの年齢に合わせていますか？
例）40代だと、北斗の拳・ドラえもん・クレヨンしんちゃんなどが伝わりやすい

Level 4：台本を発展させる

□この動画を見て、視聴者がどのように成長するか考えられていますか？
↓その成長は視聴者が求めているものと一致していますか？

ものを作ることに終わりはありません。次の作品は今回の作品を越えられるよう、常に上を目指して努力を続けましょう。

第5章

相手の「ほしい」を引き出し選ばれる技術

クライアントがいるからこそ仕事が生まれ、自分に役割ができる

営業は人を救うもの。自分の価値を発信することから始めよう

営業は「売りつけるもの」という意識を変えてみる

すべての仕事は、依頼してくれるクライアントがいるからこそ成り立っています。しかし、すべての人が最初から素晴らしいクライアントや案件に出会えるわけではありません。

動画ライティングに限った話ではありませんが、副業やフリーランスとして仕事をしていこうという人は、最初は自分からある程度の営業活動をする必要があります。

営業というと「自分は苦手だからなるべくやりたくない」と思う人もいるかもしれませんね。

人材を募集しているところに応募するならまだしも、募集しているかすらわからないところにメールやポートフォリオを送ったり、説得したりするのは確かに疲れるものです。しかも、相手に断られてしまったらショックでしょう。

まず、「営業をしよう」「自分を売りつけよう」という考え方を変えてください。

営業というのは人を救うものなのです。

相手が何らかの課題を抱えていて、自分には相手に与えられる【価値】がある。それならば、自分の価値を伝えるのは相手のためになることです。

最初から「案件をください」などと言う必要はありません。「自分はこういうスキルを持っています」「こういう台本を書くことができます」という発信をしてみてください。

それだけで、相手から「ちょっとお願いしてみようかな」「そういえばこういうことができたんですよね？」と声をかけられるということが往々にしてあります。

相手に「台本ならば◯◯さんだよね」と思わせたらこちらのもの。こちらから「仕事をください」などと言わずとも案件の依頼が来ます。

これならば営業が苦手な人でもできるのではないでしょうか？

また、自分の身の回りの人に紹介してもらったり、自分のコミュニティを活用したりすることも積極的に行ってください。

初心者のうちは行動量が肝心です。行動しているうちに、「このニーズなら自分が満たせるな」という自分の価値を知ることができます。

営業に最適！　SNSのDM・メール・クラウドソーシング

営業の手段には次の3つをおすすめします。

①SNS（X・Instagram・Facebook）のDM

最もよく使うのがXのDMです。いきなりDMをすると失礼に思うユーザーもいますので、DMをしやすくするためにあらかじめコメントをしておくとよいでしょう。

②メール

私の講座の受講生さんが営業メールを送ると、返信率が50%もあるそうです。ただしこれは業界や職種によりますので、参考にとどめてください。

動画ライティングの場合は売り手市場で希少価値が高いので、ニーズがあるために返信率が高い傾向にあります。

③クラウドソーシング

クラウドソーシングとは、企業や個人がインターネットを通して不特定多数に業務を発注する業務形態です。

ワーカーとしてクラウドソーシングを利用するメリットとしては、自分が都合の良い時間・時期・場所で働くことができ、仕事内容を選べるので自分の得意を活かせるということが挙げられます。

主なクラウドソーシングは次の通りです。

- クラウドワークス（おすすめ度★★★）
- ランサーズ（おすすめ度★★★）
- ココナラ（おすすめ度★★☆）

クラウドソーシングのデメリットとして、案件が発生するごとに募集が行われるので、安定した収入を得にくいというものがあります。

また報酬も低めに設定されていますので、初心者が経験値を上げるための場としてはよいですが、ある程度慣れてきたらクラウドソーシングは卒業するようにしましょう。

クライアントにアプローチする①人材を募集している場合

クライアントに刺さるよう営業文をアレンジする

テンプレ感はNG!
クライアントの「ほしい」は必ずリサーチしよう

クライアントへの営業は、人材を募集している場合と募集していない場合に分けられます。ここでは、人材を募集している場合について説明しましょう。

Xで検索すると、企業や個人が案件を抱えていて人材を募集している投稿が出てきます。それに対してDMで応募をします。

DMは次のような文章で構成します。

❶断り文・挨拶
❷DMを送った経緯
❸自己紹介
❹アピールポイント
❺週の稼働時間・納品までの目安
❻「あなたとどうしても仕事がしたい」というメッセージ

これに、自分のポートフォリオ（216ページ）を添付します。

例文をお見せします。

❶断り文・挨拶
❷DMを送った経緯

突然のご連絡失礼いたします。
フリーランスで動画ライティングを行っております、○○と申します。
この度は、A様がYouTube台本ライターの募集をしていたのを拝見して、大変興

❸自己紹介

味を持ちました。是非とも私に担当させていただきたく、応募いたしました。

〈自己紹介〉
名前 ○○○○
年齢 ○歳
出身 ○○県
動画編集歴・運用代行歴 ○年
台本制作歴 ○年

これまでは動画編集と運用代行をメインに活動しておりましたが、YouTube を効果的に伸ばすには台本が重要であることを知り、動画ライティングを行うようになりました。

これまで、主に金融業界のお客様を中心に○件以上の制作実績がございます。
制作実績を載せておりますので、ぜひご確認ください。

【ポートフォリオ】 *リンクを貼る*

❻「あなたとどうしても仕事がしたい」というイメージ

❺週の稼働時間・納品までの目安

❹アピールポイント

クライアント様の商品を理解し、ターゲットを徹底的に調べ、台本に反映させることを意識しています。

【強み】
●土日も稼働いたしますので、納品までのスピードが早いです。
●報連相を徹底しています（疑問点がある場合はすぐに解消し、お客様の意図との乖離がないように仕事を進めていきます）。
●レスポンスが早いです（平均10分以内、最長でも3時間以内）。

【週の稼働時間・納品までの目安】
40時間／週（平日・休日問わず9時～22時）
※その他の時間帯にも柔軟に対応いたします！
1本あたり2日で納品可能です。

A様のことはB様の投稿などから何度か拝見をしていました。私はB様の動画ライティング講座を受講したことがあり、とても尊敬しています。

A様ともお仕事ができればすごくうれしいですし、今回はチャンスだと思い応募いたしました。

ぜひともお力になれればと考えております。

改めてよろしくお願いいたします。

ご返信お待ちしております。


ポイントは、**テンプレート感が出ないようにすること**。

- クライアントに好まれるような実績を取り出してアピールする
- クライアントと関係ある人との関わりを強調する

など、必ずクライアントに刺さる文章を作るようにしてください。

DMのフキダシは1つまで

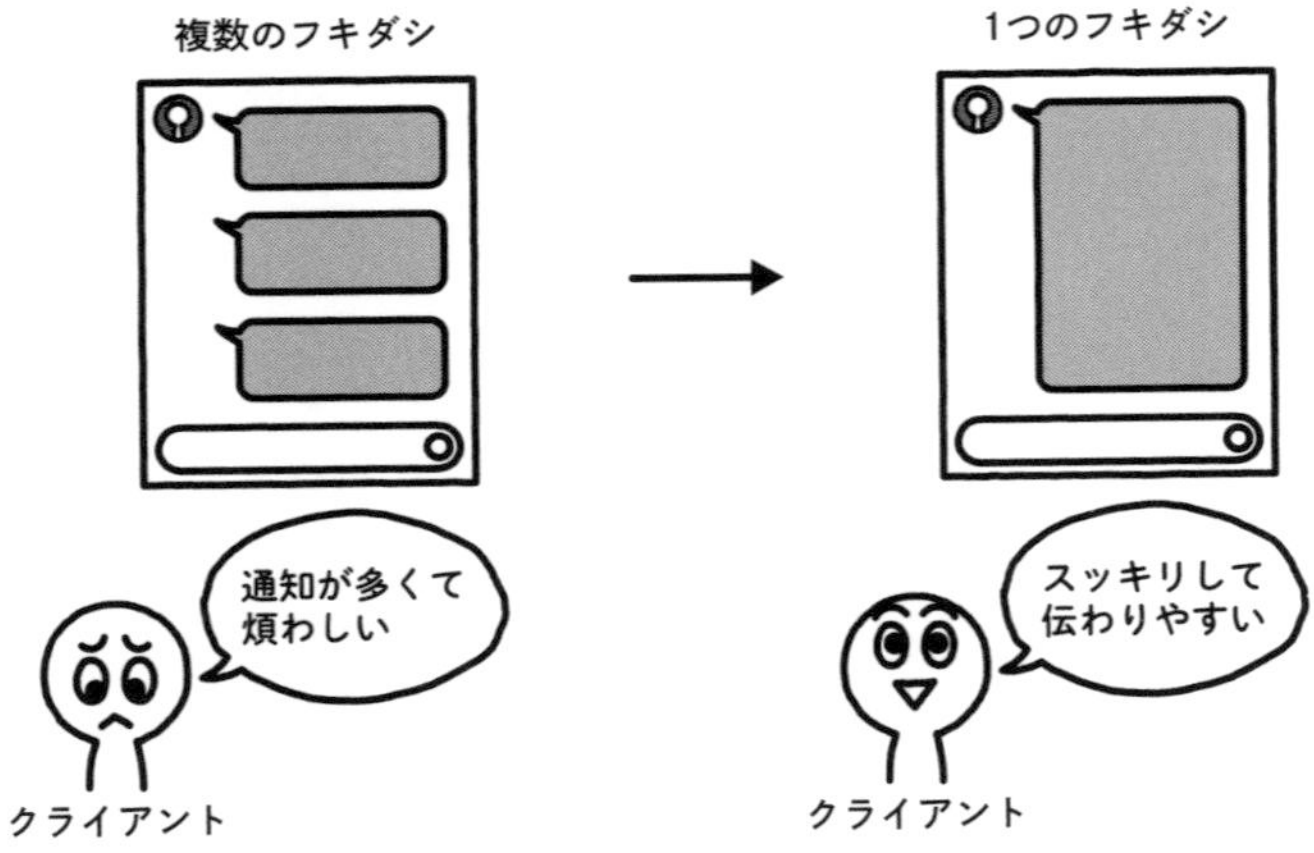

プロフィールや週の稼働時間という基本情報以外は、必ずクライアントに合わせて文章を変えるようにしましょう。

クライアントの「ほしい」は、Xの普段の投稿などをリサーチして把握します。「こういう人材が望ましい」という投稿があれば、それを意識した内容にします。

経歴の部分に関しても、「自分はこういうことを考えて仕事をしています」というポリシーを載せることをおすすめします。

強みは3〜5個ぐらいがベストです。

全体的に長すぎないようにまとめ、Xならば相手が読みやすいよう、1フキダシに収めて送信します。

なお、動画の世界はカジュアルなコミュニケーションのほうが好まれる傾向がありますので、もう少し親しみのある文体でも構いません。

あなたが営業したい業界に合わせて、文体は変えるようにしてください。

クライアントにアプローチする②人材を募集していない場合

返信率は平均1％　根気強く送り続けて相手を振り向かせる

営業メールの9割はごみ箱行き。最初の一文で興味を惹くよう工夫する

次にクライアントが人材を募集していないケースを考えてみましょう。

動画ライティングの場合はYouTube運営者にアプローチをかけることが多いです。販売を行っているチャンネルでもさまざまな種類がありますが、私は自社商品を持っているチャンネルをリサーチし、そこに営業メールを送ることをおすすめしています。

例文をお見せします。

❶引きのある文言(件名)
❷自己紹介
❸連絡の理由
❹実績の掲示

【業界最安値／YouTube の台本作成等の制作を丸ごとお任せいただけます】

突然のご連絡失礼いたします。
フリーランスで YouTube 運用代行をしております、○○と申します。

この度、貴社の YouTube を拝見し、特に【台本作成・動画制作・サムネイル作成】で大きく貢献できるのではないかと思いご連絡させていただきました。

動画の企画から台本作成、サムネイル作成、動画の作成、YouTube の分析、運営まですべてお任せいただけます。


私は主に、YouTube を活用していきたい企業様・個人の方に対して、台本の制作代行サービス等をご提供しております。

これまで、医療業界のお客様を中心に○件以上の制作実績がございます。

制作実績は以下になりますので、ぜひご確認ください。

担当したチャンネルは20万人以上の登録がありました。

❺仕事への想い

❻稼働時間・連絡手段などの基本情報

【実績／ポートフォリオ】＊リンクを貼る＊

私がご提供するサービスをご活用いただくことで、貴社ビジネスがますます発展するよう、全力を尽くしてまいります。

●稼働時間

40時間／週（平日・休日問わず10時〜23時）

※その他の時間帯でもご対応いたします。

●ご連絡手段

Slack、Chatwork、Gmail、LINEなど

●使用環境

２０２２年 Macbook Air M2

❼アポイントを取る

ぜひ、Zoomなどで直接ご説明だけでもさせていただきたく存じます。
30分程度お時間をいただければ、
・台本の活用事例
・台本を作ることのメリット／デメリット
・台本の効果
などをお話いたします。

お忙しいところここまで読んでいただきありがとうございます。
ご検討よろしくお願い申し上げます。

ポイントは、冒頭に❶引きのある文言で件名を入れるということです。

営業メールというのは、9割は見てもらえません。そこで、**件名〜冒頭の文章で「なんだろう?」「読んでみたい」と思わせるように工夫し、興味を持ってもらった人には最後の部分でアポイントに誘導します**。

「集客」「採用」「コスト削減」など、受け取る側がどのような単語に反応しやすいか、ある程度のリサーチをしておきましょう。相手に注目してほしい単語は【】（墨付きカッコ）でくくると目立ちます。

実績やポートフォリオは、得意領域や専門的な資格などがあれば、資料を作り提示すると、クライアントとマッチしやすいです。

例えば、

- ダイエット系
- プログラミング系
- 投資系

など分野ごとに資料を作っておき、相手に合わせた資料を送付するのがおすすめです。

送り先は、YouTubeの概要欄に書いてある連絡先です。

概要欄にはSNSのアカウントやメールアドレス、LINEアカウントが書かれていることが多いのですが、おすすめは**LINEに連絡すること**です。

LINEは運営者が販売ツールとして必ずチェックしており、開封率が高いものですし、通知が来たら見るという習慣があるので、読まれる確率が高まります。

ただ、LINEのみにこだわることはありません。**複数の連絡先が書かれているならば、すべてに送ってみてください**。同じ文面でも構いません。

また、返信がなかった場合でも、同じ運営者には2回ぐらいまでならアプローチしてみてもよいでしょう。送りすぎると印象を悪くしてしまうので、2回程度にとどめてください。

返信率は1～3％程度です。平均すると1％ぐらいですので、1日に100件ぐらいは送るようにしましょう。

基本情報などはあまり変えず、ポートフォリオや実績の部分を相手に合わせてアレンジすれば、それほど手間にならないはずです。

ポートフォリオで自分の「できる」をアピールする

ポートフォリオで実際のシナリオを提出して、自分の「書く力」をアピールする

動画ライターはポートフォリオとして、過去の台本か書き下ろしの台本を提示しよう

案件に応募するときや営業するときなど、自分を相手に紹介するときにはポートフォリオを添付します。

ポートフォリオとは一般的に、これまで携わった案件や制作した作品を一つにまとめた作品集を指します。履歴書や職務経験などをまとめた経歴書とは別のものです。

発注側からすると、こちらは未知の相手です。どれだけ力量があるか、またその分

野に対する知識があるかがわかりません。

ポートフォリオをチェックすることで、「経験は浅いけれど力があるな」「この分野の知識がそこそこあるから、あまり教えなくても早く納品してくれそうだ」などと判断できるのです。

ポートフォリオは、イラストレーターならば過去のイラスト集、フォトグラファーならば過去の写真集ですが、動画ライターならば、

❶過去のシナリオ（特に効果があったもの）
❷案件やクライアントに合わせて書き下ろしたシナリオ

になります。

ポートフォリオの目的は「自分はこれだけ書ける力があります」とアピールすることですから、案件に近いジャンルを中心に、異なるジャンルを3つぐらい送るようにしましょう。ただし、複数のシナリオを1本ずつ送信するのはおすすめできません。

いくつも開かなければいけないということは、クライアントの行動数が増えるということ。見てもらえなくなる可能性が高くなります。**1つのリンクですべてのシナリオが読めるよう、Google スプレッドシートなどにまとめる**ようにしてください。

自分が書いた台本によってどれくらい再生数が伸びたかという効果測定は、**クライアントに依頼しておくと、スクリーンショットをもらうことができます**。過去のシナリオが、公式ＬＩＮＥの登録者数につなげることを目的とする台本だったならば、登録者数のデータももらえるので、自分の実績としてください。

❷書き下ろしのシナリオに関しては、どうしてもその案件を取りたいという場合、相手のチャンネルの良い部分をイメージしながら書くと効果的です。当該分野の知識をフル活用して、自分をアピールした台本を書き下ろしましょう。

なおポートフォリオの台本には、

- 文章の中で自分が気をつけていること
- どういう意図でこのセンテンスを書いたのか（背景など）

を入れておくと、台本制作の意図がクライアントに伝わりやすいです。

動画ライターは実績がなくてもポートフォリオが良ければ採用される！

これから副業やフリーランスを始めようという方は、実績のある・なしが採用に関わるのかどうか、心配かもしれませんね。

動画ライティングに関しては、**実績は多少影響するものの、ライバルが少ないのでポートフォリオが良ければ採用されやすい**です。

私の講座の受講生さんでも、未経験でもポートフォリオが評価されて採用されたり、台本制作の経験はなくても動画編集の経験はあったので、それをアピールし評価されたりした人がいます。

経歴は書き方次第で工夫ができますし、ポートフォリオは自分の腕の見せどころです。特に動画ライティングは売り手市場なので、〝書ける人〟であればいくらでも仕事を得られます。

また、前述のようにこの世界はソフトスキルが意外と重視されます。

- 報連相はきちんとできるか
- レスポンスは早いか
- 納品スピードに問題はないか

このような、**ライティングスキルではないビジネスパーソンとしてのスキル**が問われますので、ソフトスキルに問題がないということもあわせてアピールするようにしましょう。

それではここで、ポートフォリオの一例を紹介しましょう。

クライアントの「ほしい」を形にする提案の魔法

クライアントの「ほしい」をつかむコミュニケーションのコツ

クライアントの体験を追体験し潜在的な「ほしい」をキャッチする

クライアントと契約を結ぶには、クライアントの要望を叶えるだけでなく、「売れる」を提案する力が求められます。

クライアントの「ほしい」をくみ取るポイントを、いくつかお伝えします。

①クライアントのSNSに目を通す

クライアントのXを見ていたときに「ショート動画をやってみたい」という投稿を

見つけました。そこでショート動画を1本作って提案をしたところ、とても喜ばれて案が通ったという経験があります。

SNSの発信には意外とクライアントの悩みや本音が表れるものです。日頃から目を通しておくようにしましょう。

②クライアントの体験を追体験する

クライアントの潜在的な「ほしい」を引き出すには、クライアントが触れているものや体験していることを、できるだけ自分も追体験するようにします。それこそ、クライアントが好きなレストランに足を運ぶような些細なことでも構いません。

追体験をする中で「こういう方法があるのでは」「これが望まれているのではないか」と思ったことを、クライアントに伝えるようにします。

台本を書く際のリサーチと同様の手法ですが、クライアントの潜在的な要望をつかむには大切な行動です。

③フィードバックを大切にする

自分に向けられたフィードバックをしっかりと読み込み、次に活かすのは言うまでもありません。

もしグループチャットなどで他の制作者へのフィードバックが読めるならば、必ず目を通して「ここがダメなのか」「こういうふうにしてほしいんだな」と、クライアントの要望をくみ取るようにします。

クライアントとのミーティングを徹底攻略！

クライアントとのダイレクトなコミュニケーションもとても大切です。

ここではミーティングの攻略法と、オンライン／オフラインミーティングのコツをお話しします。

オンラインミーティングの場合

営業をかけてアポイントが取れた場合、最初は基本的にオンラインでミーティングをすることになるでしょう。その場合、やるべきことは次の通りです。

1 仕事に必要な情報をヒアリングする

動画ライティングの場合、クライアントの「ほしい」は**台本を外注することで売上げアップにつなげたいということ**です。

ミーティングで必ず聞いておきたいこととしては、

- ターゲットの年齢や性別
- 視聴維持率
- 1秒あたりのリスト引数
- リスト誘導数
- 台本のコンセプト

などです。ヒアリングをしっかりすればするほど、成果物に修正が入るのを避けられます。

2 報酬、納期、経費などを確認する

台本作成に必要な情報をつかめた時点で、納品までの全体像を伝えます。

台本ライティングの場合、10分ぐらいの台本で納期までに2日かかる場合、5000～1万円程度が報酬の相場といえます。

3 連絡先を交換する

LINEやSlackなどのチャットツールの連絡先を交換し、「制作途中に不明点があった場合ご連絡をさせていただいてもよろしいでしょうか」などと断りを入れておきます。

初回以降もミーティングは30分程度に収めるようにします。

台本作成の場合、プロット（構成案）ができた段階で一度提出し、方向性を確認します。

次に30％程度書けた段階で、「このように進めておりますが、問題ないでしょうか？」という報告・相談をしておくことがポイントです。根本的な部分にズレがある

とすべて書き直しになってしまうので、それを避けるために早い段階からすり合わせを行います。

随時ミーティングを組み、台本に対して足りない部分をヒアリングするのもおすすめです。こうしてクライアントの要望が※ナレッジとして蓄積されると、クライアントからの信頼も高まります。

気をつけたい点としては、オンラインミーティングというのはどうしても**会話が必要最低限になりやすいということ**です。

タイムパフォーマンスを重視して、オンラインミーティングを希望されるクライアントも多いのですが、「隙あらば無駄な話をしよう」と心がけ、なるべく雑談をするように意識しましょう。無駄話から、アイデアが生まれることも多いからです。

一方で、実際に会う機会が多いクライアントであれば、オンラインミーティングでは雑談はあまりしないようにします。

なお、動画ライティングの場合は1本あたりの単価がそれほど高くないため、情報をデータでもらい、ミーティングなしで「それでは案件に着手してください」となることも多いです。

オフラインミーティングの場合

インターネットの世界でビジネスをする場合、オンラインミーティングが主流です。その中で「ぜひお会いしてお話ししたいです」と申し入れると、相手も「わざわざありがとうございます」となるものですし、**たくさんいるワーカーとの差別化につながります**。

時間的・金銭的にコストがかかることではありますが、別案件も紹介してもらえることも多いですし、人脈を広げられたり、自分では行けない場所に案内してもらえたりするなど、自分にとっての財産が貯まります。

※ナレッジ
人との会話や文書などで伝えられる、付加価値のある知識や情報、事例のこと。

オフラインミーティングでは、次のことに気をつけるようにします。

1　親しみやすさを心がける

緊張すると相手に気を遣われてしまうので、なるべくどっしりと構えるようにします。失礼のない程度にプライベートな話題などを出し、親しみやすい雰囲気を出しましょう。

2　無駄な時間を一緒に過ごす

オンラインミーティングと同様、**無駄をできるだけ共有することを心がけます**。「最近どうですか？」「お子さん、何年生でしたっけ？」などと会話を膨らませると、相手の本音をつかめることがあります。

オフライン／オンラインに限らず、クライアントに「ほしい」を言わせるには、相手が「ほしい」と言いやすい環境を作ることが大事です。それには、次のようなポイントが挙げられます。

- 自分の好き嫌いを伝え、自分のことをわかってもらう
- 〝少しの失礼〟を心がける

自分のことをわかってもらえると、「こういう話ならしてもよさそうだな」という安心感につながり、話しやすい雰囲気が作られます。

また、大きな失礼は単なる無礼ですが、「うわ！」「マジですか！」など、やや砕けたリアクションを取るといった少しの失礼を会話に交え、自分の【隙】を見せることで相手の警戒心も和らぎます。そつなく振る舞うことばかりが正解ではありません。

提案では相手の課題を明確にし自分が貢献できることを強調する

クライアントの「ほしい」を形にする【提案】についてお伝えしましょう。

提案をするときは、「こういうものが作れます」と**実際の成果物に近い形のものを提出するのが成約につながる最大の近道**になります。動画ライティングならば台本、

運用代行ならばショート動画など、制作物があると成約がアップします。
駆け出しの人など実績が少ない人は、可能な限り制作物を提出するようにします。

そのうえで、次のことに気をつけるようにします。

①クライアントの課題を解決することを伝える

前述したように、営業とは人を救うものです。相手の理想に対してこのような課題があり、今はこういう状態である。そして、それにはこういう形で私が貢献できますということを伝えるようにします。

例えば、クライアントの課題に対し、例文のように伝えると相手の「ほしい」に刺さりやすいです。

- 撮影の手間がものすごくかかっていて、なかなか動画を投稿できない

例：「台本があることで撮影の作業量が減り、撮影しやすくなります。台本をこちらで定期的に用意しますので、それを〝読み上げるだけ〟という状態を作りませ

んか?」

● 成約率が上がらない

例:「人に買いたいと思ってもらうには、〝あなたの今の課題〟を伝えることが大切です。課題を放置したらどういう恐ろしい未来が待っているかを強調し、その解決策としてこの商品をおすすめします、という順序で喋るのが効果的です。今の動画はそうなっていないので、台本からお任せいただけませんか?」

②メリットを明確に伝える

「この仕事を私が行うことで、仕事がこれだけ楽になり時間に余裕が生まれます」という相手にとってのメリットを明確に伝えます。

③自分では解決できない場合、他の解決策を紹介する

もし自分では相手の課題が解決できないと感じたら、仕事仲間を紹介したり、他の手段を提案したりするなど他のソリューションを提示するようにします。案件を担当

できなくても、こちらで価値提供を行うことは意識するようにします。

特に大切なのは①です。クライアントの課題、つまり「ほしい」をしっかりと捉えて、それにいかに自分が力になれるかを強調しましょう。

クライアントの期待を裏切らないクオリティを保ち信頼を稼ぐには

クライアントは最低限の品質とコミュニケーションのしやすさを求めている

ヒアリングを重ねてクライアントの意向からずれないようにする

クライアントは、もちろん成果物の質を求めています。ただし、ものすごく高いクオリティを求めているかというとそうでもありません。

クライアントが求めること

- 「これならOKが出せる」という【最低限の品質】
- 「仕事を進めやすいな」という【コミュニケーションの取りやすさ】

この2点で発注していると感じています。

セールスライティングにおける最低限の品質とは、もちろん**売上げにつながっているか**という部分です。「この商品はこの部分がセールスポイントで、ここを推せば売れる」という核が自分の中でつかめないと、台本の内容がぼやけてしまいます。

その**核の部分が見えてくるまで、クライアントにヒアリングを重ねてコミュニケーションを密に取るようにしましょう**。

前述したように、ヒアリングはすればするほど後の修正が少なくなります。

書いていて手が止まるようなことがあれば逐一問い合わせたり、ある程度まとまったところで「このような方針で発信しようと思っていますが、合っていますでしょうか」と確認しながら提出をして、クライアントにフィードバックを求めたりするようにします。

クライアントが期待する最低限の品質を下回ってしまうと、次回から選ばれ（受注され）なくなってしまうので、クライアントの意向から大幅にずれているという事態だけは避けるようにしてください。

クライアントはワーカーに対して、「いかに安く仕事を受けてくれるか」「たくさん仕事を引き受けてくれてくれるか」という【使いやすさ】で仕事を発注するか判断するものです。

台本をはじめとする成果物の質はもちろんのこと、使いやすい人材であることやコミュニケーションの取りやすさも心がけておきましょう。

信頼が新たな仕事を生み見えない資産が貯まっていく

仕事を通じて得た知識・人脈は自分に貯まっていく見えない資産

知識も人脈も、自分の市場価値を高めてくれる！

成果物に最低限の品質があること、コミュニケーションにストレスがないこと、手頃な報酬である程度の量を引き受けてくれること。これらすべてのバランスが取れていることがクライアントワークでは大切です。どれかが欠けていてはいけません。

このバランスが取れていると、クライアントから信頼を得られます。信頼を得られると、リピートされて仕事量が増え、収入が上がります。

それ以外にもメリットがあります。

その一つは、**知識が増える**ということ。自分が知っている以上のことを教えてもらったり、「これを勉強しておいてください」と課題を出されたりするので、知識を広められますし専門的な知識も身につきます。それをきっかけに自分の専門分野として深めていくこともできるでしょう。

自分の市場価値が高まりますので、積極的に勉強していきたいところです。

もう一つは、**人脈が増える**という点です。さまざまな人を紹介してもらったり、仕事を通じてつながったりすることができます。ビジネスパーソンとしての交流の幅がどんどん広がりますので、自分の人脈が広がっていきます。

私はこれを**【見えない資産】**と呼んでいます。**お金という報酬とは違う形で、自分に資産が貯まっていく**と考えてください。

この資産は減りませんし、見えない資産をもとにビジネスを立ち上げることもできます。ぜひ、積極的に資産を貯めるようにしましょう。

まだまだある！クライアントに信頼されるメリット

信頼されれば仕事が増え、単価が上がり仕事の幅も広がる

動画ライティングはディレクター、運用代行とステップアップが可能

クライアントに信頼されるメリットはまだあります。それが、次の3つです。

①リピートされて単価が上がる

これは私の体験談ですが、クラウドソーシングにおいて1文字0・3円で受けていた仕事がクライアントからとても評価され、報酬を上げてもらったということがありました。このときは0・3円から0・7円になり、それが1円になり、1円が1・5円

に……と段階ごとに上がり、最終的に1文字15円まで上げてもらいました。

動画ライティングの場合、今は1文字1円がベースです。これからこの世界に入るならば、3カ月以内に1文字2円を目指してください。

前述したように、台本は10分の動画で4000字が目安です。**副業の場合は、1カ月に10本、本業にするつもりならば25～30本ぐらいは書くようにしてください**。30本ぐらい書けるようになると、1文字あたりの単価が2～3円になっているはずです。半年以内で3・5～5円の報酬を得て、ディレクターになってほしいです。ディレクターになると人に発注する立場になります。すると、それほど忙しくなくとも月に30万～40万円ぐらいは稼げるようになります。

動画ライティングは、副業から始めた人が本業にできるのも早い世界です。本気で努力した人の中には、初月から30万円を稼いだ人もいました。そこまでではなくとも、**真剣に取り組めば3カ月で本業と言えるぐらいの収入を得られる**はずです。

0から運用代行者になるまでのロードマップ

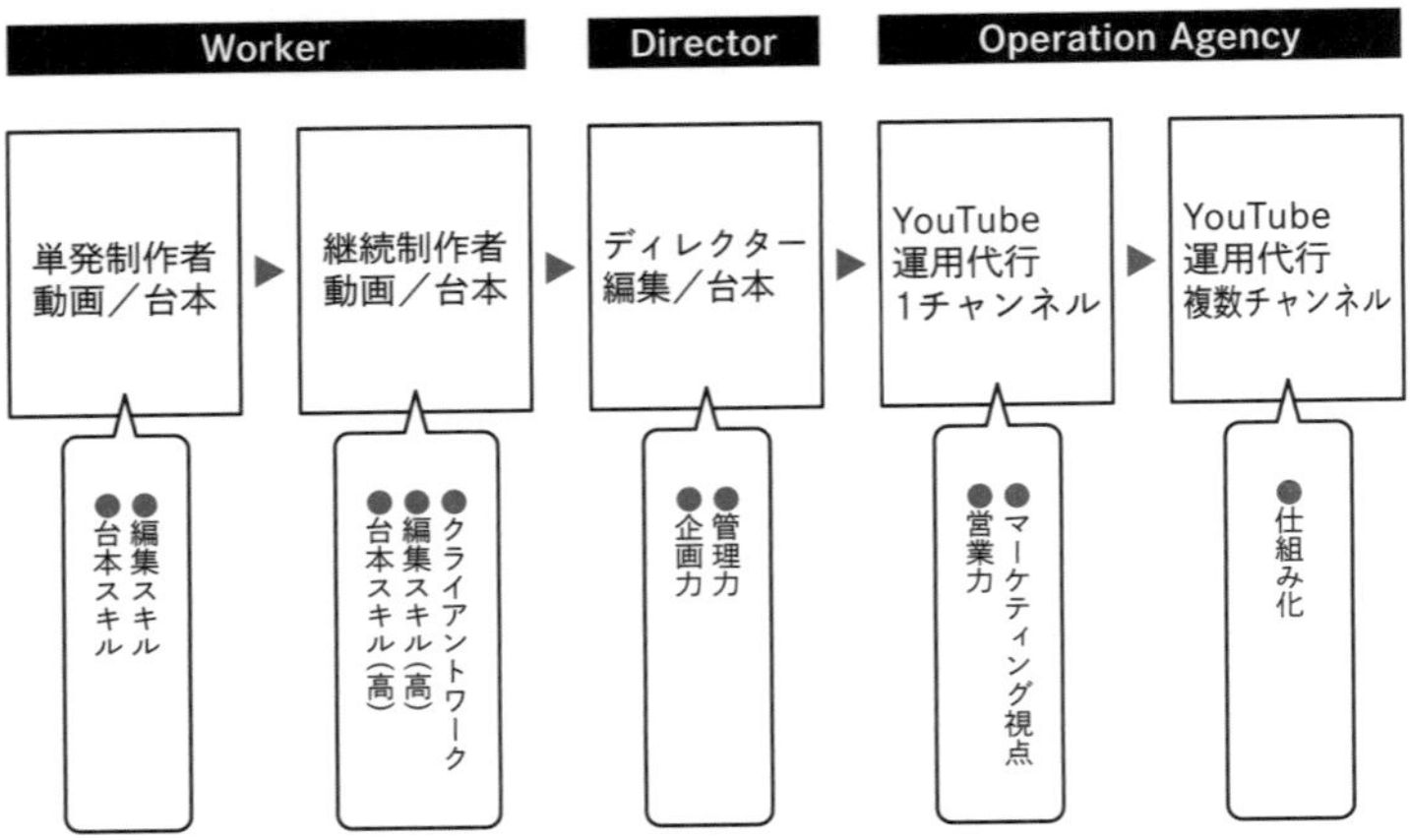

②仕事の幅が広がる

クライアントから信頼されると、多くの場合「他にこんな仕事があるけれど、やってみない？」と別の仕事を紹介されます。そうした仕事を引き受けていくうちに、仕事の幅がだんだんと広がります。

動画ライティングの場合、上の図のようなロードマップがあります。

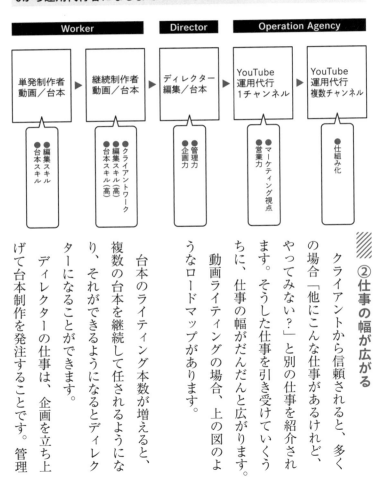

台本のライティング本数が増えると、複数の台本を継続して任されるようになり、それができるようになるとディレクターになることができます。

ディレクターの仕事は、企画を立ち上げて台本制作を発注することです。管理力や企画力が必要になりますが、労働そのものにそれほど多くの時間を割かなくとも、ある程度の収入を得られるようになります。

それができるようになると**【YouTube運用代行】**です。まずは1チャンネルから始め、さまざまな人を使いながら「仕組み化」し、最終的には複数のチャンネルを運用代行するようになります。運用代行には当然ながら、マーケティングの知識や営業力も必要になります。

仕事の幅が広がれば、当然ながら収入も上がります。高度なスキルが求められますから自分のスキルもだんだんと上がっていくでしょう。それもまた、見えない資産と言えます。

③紹介案件が増える

これも私の体験談ですが、語学系YouTuberの方の台本を書いたときにとても高い評価をいただき、他の人に紹介されたり、直接オファーをいただいたりしたことがありました。年商数億円の実績がある方から「台本を書いてほしい」という依頼が寄せられたこともあります。

私にはマーケティングの知識があり、YouTube上で商品が売られるまでの仕組みを理解して台本を書いていたので、他の人が書く台本とは内容が違いました。それは、見る人が見ればわかります。

動画を制作しているクライアントは、私のように全体を見据えて台本が書ける人を求めています。

きちんと勉強すれば誰もがほしがる人材に成長できるでしょう。そうすれば必ず、「うちの仕事もしてほしい」という声がかかるはずです。

ここで差がつく！　クライアントの信頼を〝さらに〟高める方法

クライアントだって人間。コミュニケーションが円滑だと信頼度も高まる

期待よりもちょっと上を目指す「プラスワン」が鍵

しっかりと仕事をこなすだけでもクライアントの信頼は得られますが、それを〝さらに〟高める方法をお伝えしましょう。

①無駄な時間を過ごす

すでにお話ししたように、クライアントと雑談をしたり仕事以外の無駄な時間を過ごしたりすることはとても有効です。

それにはまず、相手を知ることから始めてください。出身や生年月日などのプロフィールから、好き嫌い、口癖や携帯の機種など、とにかくデータを集めることが肝心です。興味を持ってその人に接してデータを集めていくうちに、人柄も見えてきます。恋愛と一緒ですね。

無駄な時間の過ごし方は、何でもよいです。

クライアントの趣味が釣りならば「自分も一緒にやりたいです」「教えてくださ い」と言ってみてください。相手も自分の趣味に興味を持ってくれたらうれしいはずです。

地方の方は、交通費をかけてでも無駄な時間を過ごす価値はあるだろうか？と疑問に思われる方もいるかもしれません。

私の講座の受講生さんは地方に住んでいる方も多いのですが、「交通費を負担しても、東京や大阪のクライアントに会って一緒の時間を過ごした価値はあった。継続案件も貰えるし、人脈も増えた」と喜んでいることはお伝えしておきます。

②言われたことには素直に従う

仕事において、クライアントの指示に従うのは当然のことです。

それだけでなく、例えば**「この漫画は読んでおいたほうがいいよ」と言われたら、私は必ずすぐに読んで「読みました！」と伝えます**。同じように、「この商品おすすめだよ」と言われたら買う、「あのレストランおいしかったよ」と言われたら行ってみるようにします。

相手も「自分の言うことに興味を持ってくれているな」とうれしいはずですし、感想をシェアすることでお互いに信頼も高まります。

③成果物に【プラスワン】をつける

もし自分が月に20本書けるのであれば、あえて「10本しかお引き受けできないと思うのですが……」と仕事を受注しておき、20本仕上げて**クライアントに「予想以上に頑張ってくれた」と思わせる**のは一つの手です。

また、完成まで2週間あればできるなと思っても、クライアントには「3週間ください」と伝えます。そして2週間で成果物を提出すれば、相手は「きっと急いで仕上げてくれたんだろう」と好意的に受け取ってくれるものです。

台本の場合、先方から言われた通りのAパターンを提出し、さらに自分なりにアレンジしたBパターンを提出するという、**バリエーションを増やして信頼を勝ち取る**という手法もあります。

④コミュニケーションに【プラスワン】をつける

もしあなたが「ご飯に行かない？」と誰かを誘ったときに、相手から「うん、行こう！」だけでなく「自分はこの日程が空いているけれど、都合はどう？」と言われたら「本当にご飯に行く気があるんだな。うれしい」と思うでしょう。

クライアントに接するときも同様で、**何かを尋ねられたら一歩先回りして、相手の手数が減るようにコミュニケーションを取る**ようにしてください。

小さな積み重ねが、相手の信頼につながります。

仕事に関係する話題を豊かにするプラスワンも有効です。

「最近YouTubeでこんな動画が流行っていました」「こんな台本が評判になっていました」など、相手が興味あることを話すと、仕事のヒントになります。実際に仕事にも役立ち、相手からも歓迎されていいことずくめと言えます。

⑤こちらの状況を報告する

人間が1日に思考できる回数は6万回と言われています。

もしクライアントがあなたに対して「今どんな状況なのだろう？」と思ったとしたら、1回分の思考を奪っていることになります。そうならないために、**鬱陶《うっとう》しいと思われるぐらい報告し、進捗を相談する**ようにしてください。管理する側になるとわかりますが、報告をされるほうがずっと安心でき、信頼感が増します。

報告はチャットツールで構いませんので、こまめな進捗報告を心がけてください。

動画ライティングで得た知識・スキルはあらゆる仕事に役立つ

動画ライティングで身につくのは汎用性の高いWebマーケティングの知識

効果的に人に伝える力が身につくから言語コミュニケーションが有利になる

動画ライティングという仕事は、他のさまざまな仕事に活かすことができます。その理由として、次の3つが挙げられます。

①人の「ほしい」を察知できるようになる

台本を作るには、人が何を求めに来ているのかということを意識しなければなりません。それには、**どんな人が、どういう流れでこの動画を見に来ているのかという動**

線を把握する必要があります。

動線とは、

- 自然検索で見に来ているのか？
- レコメンドで表示されたから見に来ているのか？
- 誰かにすすめられて見ているのか？

といった、動画にたどり着くまでの経緯のことです。さらに、

- ユーザーの基本的なプロフィール
- ユーザーがどういう知識をもって訪れているのか
- どういう目的で見に来ているのか
- どんな心情なのか
- 動画を見て心情に変化はあるのか

など、ユーザーの情報・心理にも思いを巡らさなければなりませんので、その思考回路が鍛えられます。つまり、「マーケティング思考」が鍛えられるということです。

現代では、ECサイトを作るにもLPを作るにも、Webマーケティングの知識が求められます。**動画ライティングを勉強するうちに、Webマーケティングの知識が自然と身についてくるはずです**。

特にLPは、1ページで完結しているWebページです。Web広告などから流入したユーザーに購入・申し込みをしてもらうことが目的であるため、Webマーケティングの知識は必須です。

LPの内容は、商品やサービスの訴求に特化していて成約率が高められるほか、意図的にリンクの選択肢を限定することで離脱しにくい仕組みになっているという特徴があります。また、流入経路やターゲットごとに最適なページを用意できるので、属性に合った訴求が可能になります。

LPの文章は、最も目立つ文言であるキャッチコピーと、商品・サービスがどういうものかを説明するボディコピー、そして「〇日までに申し込んでください」と呼びかけるクロージングコピーで構成されます。

LPはイラスト・画像と一体化させる傾向が強く、ページ全体のテキスト分量が少ないため、無駄を省いた言葉選びが重要です。

ボディコピーが見づらいとユーザーにストレスを与えてしまうので、デザインや文字の配置をよく考える必要があります。文章に関しても、ユーザーが持ち合わせていない言葉が多いとストレスになるので気をつけましょう。

②言語を介したコミュニケーションが有利になる

人と人のコミュニケーションは、言葉が基本です。

「どういう人に、どのような伝え方をしたらより伝わるのか?」と考える力をつけることは、コミュニケーションの力をつけることです。

CTAを例に挙げましょう。

CTAとは、人に行動を呼びかける言葉のことでした。ここで「5分かかるけど大丈夫？」と聞くか、「5分しかかからないから大丈夫でしょう」と言うのでは、人の心の動きが異なります。単に「○○をやってくださいね」とお願いするのと、「○○をやるだけですよ」と言うのでは、言われた人の印象が違います。

これはビジネスに限った話ではありません。どんな人でも「自分の意見を通したい」「自分が動きやすいように、周囲の人に協力してもらいたい」「周りの人を動かしたい」というときがあるでしょう。

生活をする中で使える基本的なコミュニケーションスキルですから、家族や友達といった身近な人間関係にも役に立ちますし、もちろんビジネスにおいても、上司や部下に何らかのお願いするときに使える技術です。

動画ライティングを学べば、言語を介したコミュニケーションが断然有利になるはずです。

③クライアントの「ほしい」がわかると案件の募集で採用されやすい

本書をここまで読んでくださった皆さんは、クライアントの「ほしい」をつかむ方法がわかったのではないでしょうか。もしあなたが副業やフリーランスで何らかの案件に応募する場合、クライアントがどういう状態なのか、ワーカーに何を求めているのかというのが手に取るように見えるはずです。

そして、クライアントの「ほしい」を踏まえて

- 引きのある文章をどこに入れるのか？
- どういう紹介文なら興味を持ってくれるのか？
- どんな価値観を入れたら採用してもらえるのか？

などを考えたうえでポートフォリオを提出することができます。その結果、採用される確率も高まるでしょう。

動画ライティングで得たスキルが活かせる仕事としては、主に次の通りです。

- ECサイト制作

●ＬＰ制作
●メールマガジンの作成
●ブログの作成
●Ｌステップ※の作成

繰り返しになりますが、Ｗｅｂマーケティングの知識というのは最も汎用性が高く、どんな仕事にも応用することができます。マーケティングができるようになるということが大きな強みになりますので、積極的に身につけていってください。

※Ｌ（エル）ステップ

ＬＩＮＥ公式アカウントを活用し、顧客の育成・集客・マーケティングを行うための配信用のツール。株式会社Ｍａｎｅｑｌが有料で提供している。

Ｌステップを導入することで、ユーザーの行動に合わせたメッセージの自動配信や、細分化された属性に合う最適な情報提供、顧客管理などを行える。ユーザー一人ひとりに合わせた方法でアプローチできるため、見込み客を顧客に変えられる可能性が高まる。

外部と部下の「ほしい」を引き出す発注先対応マニュアル

「この問題を解決させたい」思いを共有して一緒に走る

外部や部下の「ほしい」をつかみ、提供して心を許してもらう

すでにお話ししたように、動画ライティングから仕事の幅を広げ、収入を上げていくには、他の人に仕事を発注して自分が管理するという作業が必要になります。他の人の力を借りて仕事を分担しながら進めていけば、ある程度の仕事量を受注でき、仕事量が増えれば当然ながら収入も増えていきます。

ここでは、外部の方や部下など、他の人に何かを発注するときのポイントについてお伝えします。

私が外部や部下と仕事をするときに心がけているのは、**彼らに対しても接待をする**ということです。

彼らが何を求めて仕事をしているのかを常にリサーチをして、彼らの「ほしい」を引き出します。「ほしい」をつかむ方法はこれまでお話ししてきた方法の通りです。「ほしい」をつかんだら、できる限りそれを提供して心を許してもらえるようにしています。

最も大切にしているのは、解決すべき問題を共有し、しっかりと話し合うこと。ときには、外部や部下の問題点を指摘するようなこともあるでしょう。しかし、コミュニケーションに負荷がかかるのはその時だけです。

「この問題を解決させたい」という**【思い】**と**【方向性】**が一緒なのだということを示して、ゴールに向かって一緒に走りましょうと強調します。そして「あなたの人格に問題があるわけではない」ことを伝えます。

このプロセスがとても大事ですので、意識するようにしてみてください。

もちろん、楽しんで仕事をしてもらうということも心がけていますし、クライアントと同じく無駄な時間を一緒に過ごすことも大切です。

初めて仕事を依頼する人でもわかりやすい！話し方のポイント

外部や部下に指示を出すときに注意をしたいのは**【端的に話す】**ということです。

説明をする際には、次のように話すと相手はわかりやすいです。

❶概要
❷具体的な手順・理由など
❸成功例
●過去の事例
●成功の定義
●成功した理由
❹失敗例

- 過去の事例
- 失敗の定義
- 失敗した理由

具体例をたくさん挙げると、こちらのイメージを相手に伝えることができて効果的です。

また、説明する際は「〜かもしれません」「〜ではないでしょうか」という曖昧な語尾を避け、「〜です」「〜あります」という**【断定形】**あるいは**【命令形】**で話すようにしてください。

動画ライティングの場合、台本を書く勉強をしているコミュニティに所属しているメンバーや、SNSを通して知り合った方に仕事を依頼することが多いです。

現在はまだ市場に台本を書ける人が少ないので、十分なポートフォリオがないこともあります。私としては、こちらから積極的にアドバイスをしますので、どんどん成長してマーケットを盛り上げてほしいというスタンスで一緒に仕事をしています。

マニュアルで効率化！　外部・部下が迷わない作業マニュアル

それでは、過去に外部の方に渡して好評だった作業マニュアルを一例としてお伝えします。

【マニュアル】〇〇チャンネル
この度は台本制作をお受けいただきありがとうございます。
早速ですが、下記を元にしながら作業の開始をお願いいたします。
当チャンネル：〇〇
過去台本：〇〇
参考構成：〇〇
参考台本：〇〇
一部完成動画：〇〇

【業務フロー】

①ディレクターから「タイトル」と「台本素材」を共有してもらう
台本素材ドキュメントを共有されたら、中身を確認してください。

②本題部分のリサーチ
「タイトル」「参考動画」「本題構成」を確認して
●どんな目的の動画なのか
●どんな内容を書いていくのか
をイメージしてください。
次に、「本題構成」に書かれている情報をリサーチしてください。

③構成（プロット）
本題部分の情報のリサーチを終えたら、構成を書いてください。
構成は下記の順番になっています。

● 挨拶（いつも同じ）
● 動画の概要（タイトルを当てはめる）
● 悩み共感
● 課題の拡大
● ベネフィットの提示
● 公式LINE・チャンネル登録誘導（いつも同じ）
● 本題
● まとめ
● 公式LINE・チャンネル登録誘導（いつも同じ）

④提出（確認をもらう）

⑤本執筆
4000〜6000文字以内に収めるイメージで書いてください。

〈注意点〉
●演者の言い回しをマネして書く
●同じ文末表現を3回以上続けない
●基本的にはAREA法で書いていく
●話を急に切り替えない（視聴者が追いつけない）
●なるべく過去動画への誘導を入れる（無理やり入れる必要はなし）
●男女の掛け合いでゆっくり話が進むようにする

⑥納品

⑦修正

上がってきた台本に「ここはこう書いてください」という指示を出し続けていくことで、だんだんと修正が減り、早い段階でいい台本が上がってくるようになります。

おわりに

本書を通して、皆さんもセールスライティングの難しさと面白さを感じていただけたと思います。

なんとなく購入した人や、おすすめされて購入した人、中には自分の課題に向き合って手に取った方。そもそも、**スキルアップの本を買い、勉強しようとしているあなたは能動的で行動力がとても高い方**です。人々に影響を与え、世の中を動かしていく側の人たちです。

そういう人が言葉の重要性を真の意味で理解したら、世界は変わると本気で考えています。

言葉の重要性を理解するとは、本書の冒頭でもお伝えした通り、言葉には【言霊】があること、そしてコミュニケーションでどういう役割を担っているかを理解することです。

「自分が言ったあの言葉が、間違って伝わってしまった」

「自分の発言が思った以上の力を発揮した」

こういう経験は、誰しもあることでしょう。

言葉というのは、どんな相手に、どのように伝わるのかを考えないとうまく伝わりません。

自分が発した言葉が、相手にとって良い形で伝わるかどうか。自分が狙った通りに受け取られるかどうか。

これを勉強することは、ライティングを勉強することにつながります。

そして、ライティングを勉強すれば世界の見え方がまったく変わってくるのです。

「2：8の法則」を知っていますか？

パレートの法則ともいわれる、全体の結果の8割は、ある特定の2割の要素が生み出しているというマーケティングの法則の一つです。

例えば、「利益の8割は、2割の商品によってもたらされている」「ソフトウェア利用者の8割は、2割の機能しか使わない」といったものですが、この法則に当てはめると、**全人口のうち2割の人というのは、皆さんのように世の中を動かしていく側の人たちなのです**。

その人たちが言葉の本質を理解したら、世の中は確実に変わります。

言葉は道具でもあります。

言葉を自在に操って自己表現できるのは自分の強みでしょうし、他者に素敵な言葉をプレゼントできれば感謝をされます。言葉によって豊かになった人たちは、きっと周りの人も豊かにできるはずです。

自分の幸せのコップが満たされると、幸せが雫となって溢れ出し、周りも同じように満たされていく。

私はそう信じています。

そのような形で言葉を操れる人には、より多くの〝気づき〟を見つけて力をつけていってほしいと思うのです。

単に言葉を右から左に使って終わりではなく、「この言葉をこのように使ったら変わったな」「この言葉がこういう人に響いたな」ということに気づきながら、より良い方向に走り続けていってほしい。

その一歩一歩が、自分の人生が変わるきっかけになるだろうし、世の中が変わるきっかけにもつながります。

私もまだまだ勉強中です。

一緒に、言葉の力を身につけていきましょう。

2024年2月　覚詩

読者限定プレゼント

この度は、本書を読んでいただき誠にありがとうございます！

読者の皆さまに向けて、書籍の内容と連動して動画ライティングの技術が飛躍する特別なプレゼントをご用意しました。

ご活用していただけますと幸いです。

特典1 初心者から月5万達成するためのロードマップ

特典2 個性を活かす台本の書き方

特典3 これを守るだけで成功する3つのポイント

特典の入手方法

左のQRコードから著者公式LINEに登録してください

※コードが読み込めない場合は、LINE ID:@kakushi_24で検索してください。
※本特典は著者独自のものであり、出版元は一切関与しておりませんのでご了承下さい。

覚 詩（かくし）

株式会社 FILL drop 代表取締役

1999年、大阪府生まれ。関西学院大学経済学部卒。大学在学中に YouTube、TikTok へ投稿を開始し 20万フォロワーを獲得するも、最高月収 20万円で挫折。動画台本のクオリティによって再生回数が 100倍変わった経験から、「動画台本」を重視した YouTube 運用代行者に転向。チャンネルは、高単価の有形商品・医療系・語学系など多岐にわたる。東京・大阪・名古屋・北海道・沖縄で開催中の動画ライターを育成する講座「動画ライティングマラソン」を主宰。100名以上の受講生が短期間で月収 10万円を達成しており、再現性の高さに定評がある。
自分の仕事・趣味・人生に没頭する「没頭犯」の共犯者となり、最高の未来を実現するビジネスパートナーを目指している。モットーは「人生の歯車がかみ合う瞬間を届ける」。本書が初の書籍となる。

【HP】https://filldrop.jp/

視覚障害その他の理由で活字のままでこの本を利用出来ない人のために、営利を目的とする場合を除き「録音図書」「点字図書」「拡大図書」等の製作をすることを認めます。その際は著作権者、または、出版社までご連絡ください。

相手の「ほしい」を引き出す
動画ライティングの技術

2024年 2 月20日　初版発行

著　者　覚詩
発行者　野村直克
発行所　総合法令出版株式会社
〒103-0001 東京都中央区日本橋小伝馬町 15-18
EDGE 小伝馬町ビル 9 階
電話　03-5623-5121
印刷・製本　中央精版印刷株式会社

落丁・乱丁本はお取替えいたします。

ISBN 978-4-86280-933-9
総合法令出版ホームページ　http://www.horei.com/